C 语言程序设计

主　编　邱　芬　王　彬　周　虎
副主编　李国庆　赵志健　尚　博
周　岚　张振球

北京理工大学出版社
BEIJING INSTITUTE OF TECHNOLOGY PRESS

内容简介

本书共八个项目，主要介绍了C语言概述、C语言数据的表示方法、分支结构程序设计的方法、使用数组的方法、创建和使用函数的方法、指针的使用、结构、联合和枚举、文件输入/输出的方法。本书以初中级程序员为对象，先从C语言基础学起，再学习C语言的程序结构，然后学习C语言的高级应用，最后学习开发一个完整的项目。讲解步骤详尽，版式新颖，并且在程序中会给出相应的实例以便于读者理解所讲解的知识，在讲解实例时分步骤分析，使读者在阅读时一目了然，从而快速把握书中内容。

本书适合作为C语言程序设计类课程的教材使用，也可供C语言爱好者参考。

图书在版编目（CIP）数据

C语言程序设计／邱芬，王彬，周虎主编．—北京：北京理工大学出版社，2017.8（2024.2重印）

ISBN 978－7－5682－4796－2

Ⅰ.①C…　Ⅱ.①邱…②王…③周…　Ⅲ.①C语言－程序设计　Ⅳ.①TP312.8

中国版本图书馆CIP数据核字（2017）第214959号

出版发行／北京理工大学出版社有限责任公司
社　　址／北京市丰台区四合庄路6号
邮　　编／100070
电　　话／（010）68914775（总编室）
　　　　　（010）68914026（教材售后服务热线）
　　　　　（010）68944437（课件资源服务热线）
网　　址／http：//www.bitpress.com.cn
经　　销／全国各地新华书店
印　　刷／廊坊市印艺阁数字科技有限公司
开　　本／787毫米×1092毫米　1/16
印　　张／9.5
字　　数／225千字
版　　次／2017年8月第1版　2024年2月第8次印刷
定　　价／33.00元

责任编辑／钟　博
文案编辑／钟　博
责任校对／周瑞红
责任印制／李志强

图书出现印装质量问题，请拨打售后服务热线，本社负责调换

前　言

C 语言是 Combined Language（组合语言）的简称，它作为一种计算机设计语言，具有高级语言和汇编语言的特点，受到广大编程人员的喜爱。C 语言的应用非常广泛，既可以用于编写系统应用程序，也可以作为编写应用程序的设计语言，还可以具体应用到有关单片机以及嵌入式系统的开发。这就是大多数学习者在学习编写程序时选择 C 语言的原因。

本书按照《学业水平测试考试大纲》的要求而编写，共八个项目，主要介绍 C 语言的高级程序设计，内容如下：

项目一为 C 语言概述，介绍了 C 语言的发展、特点，C 语言程序的开发过程，最后以一个简单的 C 语言程序，演示了编写 C 语言程序的方法，并介绍了常见的 C 语言开发环境。

项目二介绍了 C 语言数据的表示方法，包括数据的存储、常量、变量、整数类型、字符类型、实数类型、C 语言中的表达式、各种运算符及运算优先级、C 语言各类语句以及格式化输入/输出函数的使用。

项目三介绍了 C 语言分支结构程序设计的方法，包括使用 if 语句、嵌套 if 语句等进行多种分支程序设计的方法；循环结构程序设计的方法，包括 while 循环、for 循环，以及循环嵌套等内容。

项目四介绍了在 C 语言中使用数组的方法，主要介绍了一维数组、二维数组、字符数组和字符串的使用；还介绍了常用算法的 C 语言程序，包括用 C 语言编写的排序、查找、队列、堆栈、链表等程序。

项目五介绍了在 C 语言中创建和使用函数的方法，包括函数的概念、编写函数、设置函数的参数、调用函数、编写递归函数等内容。

项目六介绍了 C 语言中指针的使用，指针是 C 语言最显著的特征。项目六包括变量在内存中的保存形式、指针和简单变量、指针和数组、指针和字符串、指针数组、指针和函数等内容。

项目七介绍了结构、联合和枚举，包括结构的概念、结构的嵌套、结构数组、结构指针等内容。

项目八介绍了文件输入/输出的方法，主要介绍了数据流的概念、文件的打开与关闭、从文件中读写字符、从文件中读写字符串、二进制文件的读写、文件检测函数、文件的随机读写、管理缓冲区、输入/输出的重定向、文件管理等内容。项目八主要围绕一个信息管理系统——通信录，通过该实例程序的编写，巩固前面所学内容。

本书由浅入深，循序渐进。本书以初、中级程序员为对象，先从 C 语言基础讲起，再介绍C语言的程序结构，然后介绍C语言的高级应用，最后讲解一个完整项目的开发过程。讲解步骤详尽，版式新颖，并且在程序中会给出相应的实例以便于读者理解所讲解的知识。在讲解实例时分步骤分析，使读者在阅读时一目了然，从而快速掌握书中内容。

本书的实例典型，轻松易学。通过实例学习是最好的学习方式，本书通过“一个知识点－一个案例－一个分析－一段背景知识－一个能力大比拼”的模式，透彻详尽地讲述了实际程序开发中所需的各类知识。另外，为了便于读者阅读程序代码，快速学习编程技能，本书几乎为每行代码都提供了注释。

本书提供了精彩的栏目和贴心的提醒。本书根据需要在各章使用了很多“小提示”栏目，让读者可以在学习过程中更轻松地理解相关知识点及概念，更快地掌握个别技术的应用技巧。

本书可供读者进行应用实践，随时练习。书中几乎每个项目都提供了“课后练习”，让读者能够通过对问题的解答重新回顾、熟悉所学的知识，举一反三，为进一步学习做好充分的准备。

由于作者水平有限，书中难免存在谬误和不足之处，敬请读者指正。

编　者

目　录

项目一　C 语言概述 ······ 1

任务一　一个简单的 C 语言程序 ······ 1

任务二　C 语言的集成开发环境 ······ 5

项目二　C 语言基本元素 ······ 18

任务一　数据类型 ······ 18

任务二　运算符与表达式 ······ 26

任务三　数据的输入/输出 ······ 33

项目三　程序流程控制 ······ 42

任务一　顺序结构 ······ 42

任务二　分支结构 ······ 43

任务三　循环结构 ······ 51

项目四　数组与字符串 ······ 58

任务一　初识一维数组 ······ 58

任务二　二维数组的使用 ······ 64

任务三　字符数组、字符串 ······ 68

项目五　函数 ······ 73

任务一　函数的定义 ······ 73

任务二　函数的递归调用与嵌套调用 ······ 77

任务三　变量的作用域与变量的存储类别 ······ 80

任务四　内部函数和外部函数 ······ 90

项目六　认识指针及指针应用 ······ 94

任务一　认识指针 ······ 94

任务二　指针与数组 ······ 101

任务三　指针与字符串 ······ 107

项目七　结构和共用体 ······ 114

任务一　学生信息的输入与输出 ······ 114

任务二　多个学生信息的输入与输出 ······ 118

任务三 共用体的使用……126
项目八 文件操作……131
任务一 实现程序主界面……131
任务二 通讯录信息保存……133
任务三 从文件中读取通讯录信息……139
任务四 文件复制……140

项目一

C语言概述

项目任务

早期的C语言主要用于UNIX系统。C语言由于强大的功能和各方面的优点逐渐为人们认识，到了20世纪80年代，C开始进入其他操作系统，并很快在各类大、中、小和微型计算机上得到了广泛使用，成为当代最优秀的程序设计语言之一。通过本项目的学习，学生可了解C语言的发展过程及特点，熟练掌握C语言集成开发环境的使用，并且能在该开发环境中编写一些简单的小程序。本项目学生在脑海里形成一个对C语言的初步印象：C语言的程序应该是什么样的？一个简单的程序是如何在开发环境中执行的？同时希望学生能通过对C语言简单的了解产生对语言学习的兴趣，为以后的学习打好基础。

学习目标

☆ 了解C语言的发展过程；
☆ 了解C语言的特点；
☆ 熟练掌握C语言的集成开发环境；
☆ 能够在C语言的集成开发环境中编写简单的小程序。

任务一　一个简单的C语言程序

任务要点

（1）了解C语言的发展过程和特点；
（2）掌握C语言的执行过程；
（3）从外表上对C语言程序形成简单认识。

导学实践，跟我学

【案例1-1】 编写程序，在屏幕上输出“Hello，World!”字符串。

程序如下：

```
/* example1_1.c 在屏幕上输出字符串* /
#include <stdio.h>
main()
{
```

```
printf("Hello,World!\n");
}
```

思考：代码里的单词表达什么意思？

示例解释

（1）include 是文件包含命令，扩展名为“.h”的文件称为头文件，表示在程序中要用到这个文件中的函数。

（2）main 是主函数的函数名，表示这是一个主函数。

注意：1 个 C 语言源程序只允许有 1 个 main() 函数。

（3）printf 是函数调用语句。

printf() 函数是系统定义的标准函数，其功能是把要输出的内容送到显示器上显示。它在 stdio.h 库函数中。

（4）main() 函数中的内容必须放在一对花括号“{}”中。

【案例 1－2】 请从键盘输入一个角度的弧度值 x，计算该角度的余弦值，将计算结果输出到屏幕。

程序如下：

```
/* example1_2.c 计算角度的余弦值* /
#include <stdio.h>
#include <math.h>
main()
{
        double x,s;
        printf("Please input value of x:");
    scanf("%lf",&x);
        s=cos(x);
        printf("cos(%lf)=%lf\n",x,s);
}
```

示例解释

（1）该程序包含两个头文件：stdio.h、math.h。

（2）在 main() 函数中定义了两个双精度实数型变量 x、s。

（3）“printf("Please input value of x:");”语句用于显示提示信息。

（4）“scanf("%lf", &x);”语句用于从键盘获得一个实数 x。x 代表角度的弧度值。

（5）“s=cos(x);”计算 x 的余弦值，并把计算结果赋给变量 s。

（6）“printf("cos(%lf)=%lf\n", x, s);”表示将 x 和 s 的值输出到屏幕。双引号中的两个格式字符“%lf”分别对应两个输出变量 x 和 s。

背景知识

一、C 语言的发展过程

C 语言是在 20 世纪 70 年代初问世的。1978 年美国电话电报公司（AT&T）贝尔实验室正式发表了 C 语言。同时由 B. W. Kernighan 和 D. M. Ritchit 合著了著名的《The C Programming Language》一书。该书通常简称为《K&R》，也有人称之为“K&R”标准。但是，在《K&R》中并没有定义一个完整的标准 C 语言，后来由美国国家标准协会（American National Standards Institute）在此基础上制定了一个 C 语言标准，于 1983 年发表。通常称之为 ANSI C。

二、C 语言的特点

（1）C 语言简洁、紧凑，使用方便、灵活。ANSI C 一共只有 32 个关键字，见表 1－1。

表 1－1　关键字

auto	break	case	char	const	continue	default
do	double	else	enum	extern	float	for
goto	if	int	long	register	return	short
signed	static	sizof	struct	switch	typedef	union
unsigned	void	volatile	while			

C 语言有 9 种控制语句，程序书写自由，主要用小写字母表示，压缩了一切不必要的成分。

Turbo C 扩充了 11 个关键字：asm、_cs、_ds、_es、_ss、cdecl、far、huge、interrupt、near、pascal。

（2）运算符丰富。C 语言共有 34 种运算符。C 语言把括号、逗号等都作为运算符处理，故其运算类型极为丰富，可以实现其他高级语言难以实现的运算。

（3）数据结构类型丰富。

（4）具有结构化的控制语句。

（5）语法限制不太严格，程序设计自由度大。

（6）C 语言允许直接访问物理地址，能进行位（bit）操作，能实现汇编语言的大部分功能，可以直接对硬件进行操作。因此有人把它称为中级语言。

（7）生成目标代码质量高，程序执行效率高。

（8）与汇编语言相比，用 C 语言写的程序可移植性好。

C 语言对程序员的要求也高。程序员用 C 语言写程序会感到限制少、灵活性大、功能强，但较其他高级语言在学习上要困难一些。

三、程序设计语言与 C 语言

所谓“程序”，是指一件事情进行的先后次序。因此，计算机程序是指计算机完成事情

的先后次序。

计算机程序设计语言指人与计算机之间交换信息的工具。人们用计算机程序设计语言来编写计算机程序，然后交给计算机去执行。

1. 机器语言

所谓“机器语言”，即计算机本身自带的指令系统。计算机的指令由二进制数序列组成，用来控制计算机进行某种操作。

机器语言的优、缺点：用机器语言编写的程序，不必通过任何翻译处理，计算机硬件就能识别和接受，因此用机器语言编写的程序质量高、执行速度快、占用的存储空间少。但它极不直观，难学、难记、难检查、难修改。

2. 汇编语言

汇编语言是一种面向机器的程序设计语言，它用助忆符（一种便于记忆的符号）代替机器指令中的操作码，用符号地址代替机器指令中的地址码，从而使机器语言得以“符号化”。

汇编程序和汇编：用汇编语言编写的程序，计算机不能直接识别和接受，必须由一个起翻译作用的程序将其翻译成机器语言程序，这样计算机才能执行。这个起翻译作用的程序，称为“汇编程序”，这个翻译过程，称为“汇编”。

优、缺点：比起机器语言，汇编语言好记，阅读容易，检查、修改也较方便。其缺点是仍依赖具体的机器（即它是面向机器的），不具有通用性和可移植性。它与人们习惯使用的自然语言和数学语言相差甚远。

3. 高级语言

高级语言是一种很接近人们习惯使用的自然语言（即人们日常使用的语言）和数学语言的程序设计语言。用高级语言编写的程序，称为“源程序”。

用高级语言编写的程序，计算机不能直接识别与接受，必须有一个“翻译”，先把源程序翻译成机器语言程序，然后再让计算机去执行这个机器语言程序。

第一种翻译方式：事先编好一个称为“解释程序”的机器语言程序，它把源程序逐句翻译，译一句就执行一句。这种翻译方式称为“解释”方式。

第二种翻译方式：事先编好一个称为“编译程序”的机器指令程序，它把源程序整个翻译成用机器指令表示的机器语言程序（这个翻译出来的结果程序称为“目标程序”），然后执行该目标程序。这种翻译方式称为“编译”方式。

C 语言程序要通过编译、连接后生成可加载模块（执行文件），才能在计算机上运行。

完整的程序生成过程如图 1－1 所示。

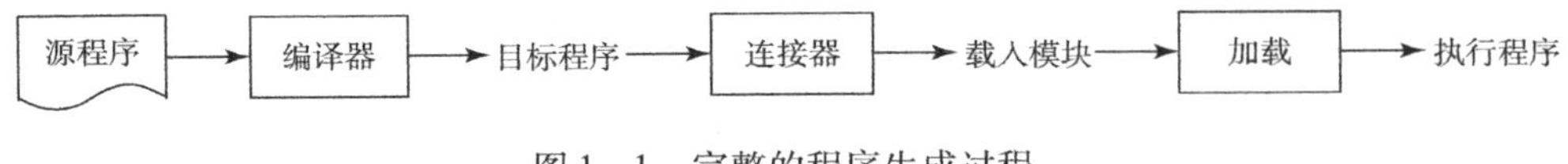

图 1－1　完整的程序生成过程

任务小结

（1）同学们对本任务中的两个案例掌握了吗？

（2）同学们对 C 语言了解了多少？用自己的话来形容一下 C 语言是一种什么样的语言。

任务二　C 语言的集成开发环境

任务要点

（1）掌握 C 语言集成开发环境，并熟练运用；
（2）能在 C 语言集成开发环境中编写简单的小程序。

导学实践，跟我学

【案例 1-3】 设计一个加法器，实现两数的相加。通过调用该加法器，计算两数的和。程序如下：

```
#include <stdio.h>
int add(int x,int y);
main()
{
        int a,b,c;
        printf("please input value of a and b:\n");
        scanf("%d%d",&a,&b);
        c=add(a,b);
        printf("max=%d\n",c);
}
int add(int x,int y)
{
        return(x+y);
}
```

小提示

人们总是把大的、复杂的事情，化为若干个小的、简单的事情去处理。在进行程序设计时，也常采用这种方法。该程序由两个函数 main() 和 add() 组成。

示例解释

（1）主函数体分为两部分：说明部分和执行部分。

（2）语句“c=add(a, b);”是通过调用加法器 add() 来完成 a+b 的计算，并将计算结果赋给变量 c。

（3）屏幕上显示字符串“please input value of a and b:”是提示用户从键盘输入 a 和 b 的值，用户从键盘上键入两个数，屏幕上会显示出这两个数的和。

（4）每个C语言程序都有一个，且只有一个名为main的主函数，整个程序从它开始执行。main( ) 函数在整个程序中的位置，与它作为程序执行开端的地位没有什么关系。

背景知识

一、Turbo C 的主界面

Turbo C 2.0 向使用者提供一个集成开发环境，在该环境下用户可以完成编辑、编译、连接装配以及运行的所有工作。其主界面如图 1 – 2 所示。

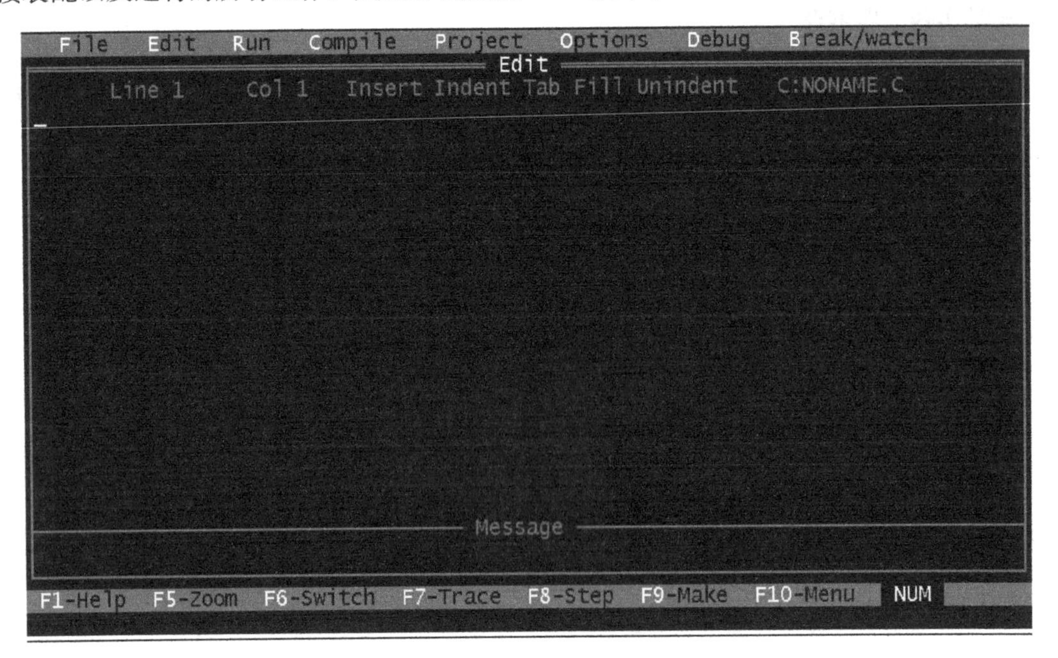

图 1 – 2　Turbo C 的主界面

主窗口由主菜单、编辑区、信息区和功能键提示行 4 个部分组成。

1. 主菜单

主菜单有 8 个菜单项：文件、编辑、运行、编译、项目、选项、调试和断点/监视。除编辑外，每个菜单项都有下拉子菜单，用以实现各种操作。

2. 编辑区

标有“Edit”字样的区域称为 Turbo C 的程序编辑区，用于 C 语言源程序的输入和编辑。

3. 信息区

标有“Message”字样的区域称为 Turbo C 的信息区，用于显示编译和连接时的相关信息。

4. 功能键提示行

在屏幕最下方，给出常用的 7 个功能键，它们是 F1（帮助）、F5（分区控制）、F6（转换）、F7（跟踪）、F8（单步执行）、F9（生成目标文件）和 F10（菜单）。

二、菜单功能简介

1. “File”菜单

按“Alt + F”组合键可进入“File”菜单，如图1－3所示。

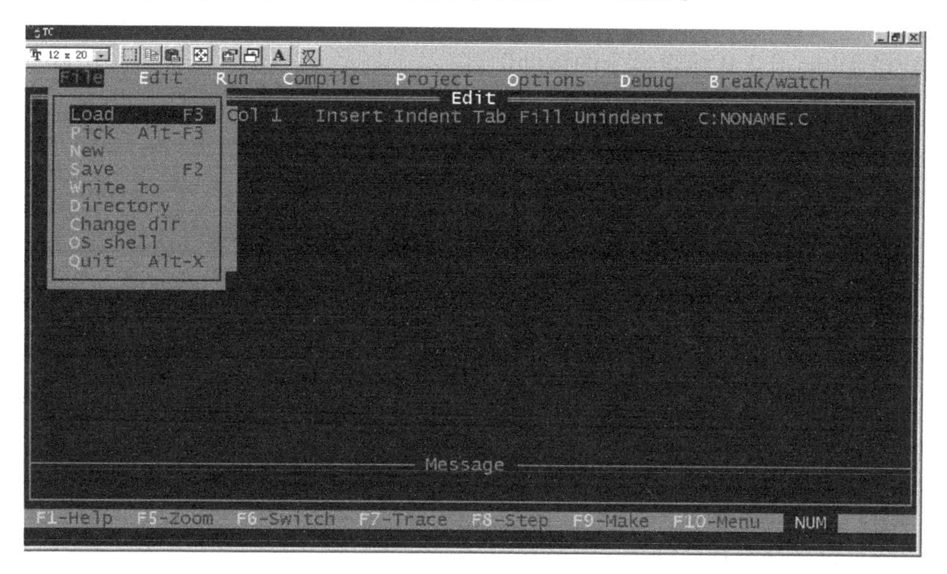

图1－3　“File”菜单

“File”菜单的子菜单共有9项，分别叙述如下：

（1）Load：装入一个文件，可用类似DOS的通配符（如“*.C”）来进行列表选择。也可装入其他扩展名的文件，只要给出文件名（或只给路径）即可。该项的热键为F3，即只要按F3键即可进入该项，而不需要先进入“File”菜单再选此项。

（2）Pick：将最近装入编辑窗口的8个文件列成一个表让用户选择，选择后将该程序装入编辑区，并将光标置在上次修改过的地方。其热键为“Alt + F3”。

（3）New：新建文件，缺省文件名为“NONAME.C”，存盘时可改名。

（4）Save：将编辑区中的文件存盘，若文件名是“NONAME.C”，将询问是否更改文件名，其热键为F2。

（5）Write to：可由用户给出文件名将编辑区中的文件存盘，若该文件已存在，则询问要不要 覆盖。

（6）Directory：显示目录及目录中的文件，并可由用户选择。

（7）Change dir：显示当前默认目录，用户可以改变默认目录。

（8）Os shell：暂时退出Turbo C 2.0到DOS提示符下，此时可以运行DOS命令，若想回到Turbo C 2.0中，只要在DOS状态下键入“EXIT”即可。

（9）Quit：退出Turbo C 2.0，返回到DOS操作系统中，其热键为“Alt + X”。

说明：以上各项可用光标键移动色棒进行选择，按回车键则执行。也可用每一项的第一个大写字母直接选择。若要退到主菜单或从它的下一级菜单列表框退回，均可用Esc键。Turbo C 2.0所有菜单均采用这种方法进行操作，以下不再说明。

2. "Edit" 菜单

按"Alt + E"组合键可进入编辑菜单，若再按回车键，则光标出现在编辑窗口，此时用户可以 进行文本编辑。编辑方法基本与 wordstar 相同，可用 F1 键获得有关编辑方法的帮助信息。

（1）与编辑有关的功能键如下：

F1：获得 Turbo C 2.0 编辑命令的帮助信息；

F5：扩大编辑窗口到整个屏幕；

F6：在编辑窗口与信息窗口之间进行切换；

F10：从编辑窗口转到主菜单。

（2）编辑命令简介：

PageUp：向前翻页；

PageDn：向后翻页；

Home：将光标移到所在行的开始；

End：将光标移到所在行的结尾；

Ctrl + Y：删除光标所在的一行；

Ctrl + T：删除光标所在处的一个词；

Ctrl + KB：设置块开始；

Ctrl + KK：设置块结尾；

Ctrl + KV：块移动；

Ctrl + KC：块拷贝；

Ctrl + KY：块删除；

Ctrl + KR：读文件；

Ctrl + KW：存文件；

Ctrl + KP：块文件打印；

Ctrl + F1：如果光标所在处为 Turbo C 2.0 库函数，则获得有关该函数的帮助信息；

Ctrl + Q [：查找 Turbo C 2.0 双界符的后匹配符；

Ctrl + Q]：查找 Turbo C 2.0 双界符的前匹配符。

说明：Turbo C 2.0 的双界符包括以下几种符号：

①花括符："{" 和 "}"；

②尖括符："<" 和 ">"；

③圆括符："（" 和 "）"；

④方括符："[" 和 "]"；

⑤注释符："/*" 和 "*/"；

⑥双引号："""；

⑦单引号："'"。

Turbo C 2.0 在编辑文件时还有一种功能，就是自动缩进，即光标定位和上一个非空字符对齐。在编辑窗口中，"Ctrl + OL" 为自动缩进开关的控制键。

3. "Run" 菜单

按"Alt + R"组合键可进入"Run"菜单，如图 1 - 4 所示。

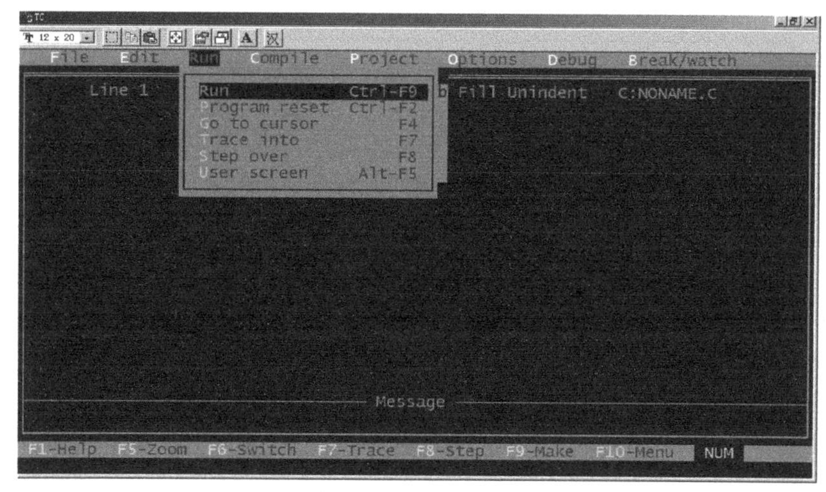

图1-4　“Run”菜单

(1) Run：运行由“Project”/“Project name”项指定的文件名或当前编辑区的文件。如果对上次编译后的源代码未作过修改，则直接运行到下一个断点（没有断点则运行到结束）。否则先进行编译、连接后才运行，其热键为“Ctrl+F9”。

(2) Program reset：中止当前的调试，释放分给程序的空间，其热键为“Ctrl+F2”。

(3) Go to cursor：调试程序时使用，选择该项可使程序运行到光标所在行。光标所在行必须为一条可执行语句，否则提示错误。其热键为F4。

(4) Trace into：在执行一条调用其他用户定义的子函数时，若用“Trace into”项，则执行长条将跟踪到该子函数内部去执行，其热键为F7。

(5) Step over：执行当前函数的下一条语句，即使用户函数调用，执行长条也不会跟踪进函数内部，其热键为F8。

(6) User screen：显示程序运行时在屏幕上显示的结果。其热键为“Alt+F5”。

4. “Compile”菜单

按“Alt+C”组合键可进入“Compile”菜单，如图1-5所示。

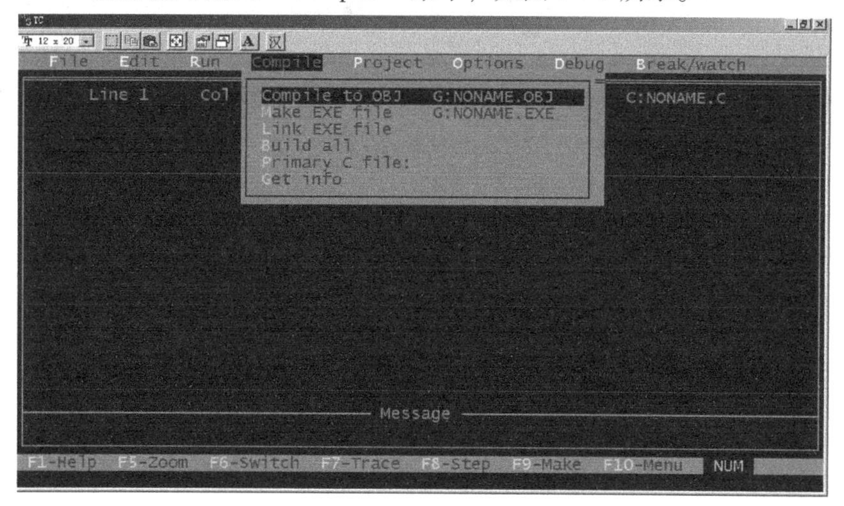

图1-5　“Compile”菜单

（1）Compile to OBJ：将一个C语言源文件编译生成“.OBJ”目标文件，同时显示生成的文件名。其热键为“Alt+F9”。

（2）Make EXE file：此命令生成一个“.EXE”文件，并显示生成的“.EXE”文件名。其中“.EXE”文件名是下面几项之一：

①由“Project”/“Project name”说明的项目文件名。

②若没有项目文件名，则为由Primary C file说明的源文件名。

③若以上两项都没有文件名，则为当前窗口的文件名。

（3）Link EXE file：把当前“.OBJ”文件及库文件连接在一起生成“.EXE”文件。

（4）Build all：重新编译项目里的所有文件，并进行装配，生成“.EXE”文件。该命令不作过时检查（上面的几条命令要作过时检查，即如果目前项目里源文件的日期和时间与目标文件相同或更早，则拒绝对源文件进行编译）。

（5）Primary C file：当在该项中指定了主文件后，在以后的编译中，如没有项目文件名则编译此项中规定的主C语言文件，如果编译中有错误，则将此文件调入编辑窗口，不管目前窗口 中是不是主C语言文件。

（6）Get info：获得有关当前路径、源文件名、源文件字节大小、编译中的错误数目、可用空间等信息，如图1-6所示。

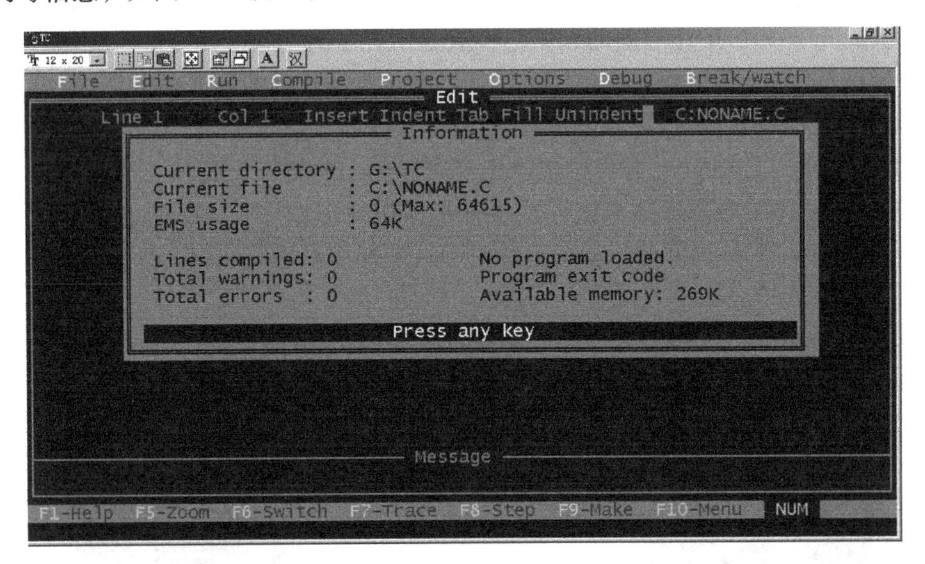

图1-6 获得相关信息

5. “Project”菜单

按“Alt+P”组合键可进入“Project”菜单，如图1-7所示。

（1）Project name：项目名（具有“.PRJ”扩展名），其中包括将要编译、连接的文件名。例如有一个程 序由“file1. c”“file2. c”“file3. c”组成，要将这3个文件编译、连接、装配成一个“file. exe”执行文件，可以先建立一个“file. prj”项目文件，其内容如下：

```
file1.c
file2.c
file3.c
```

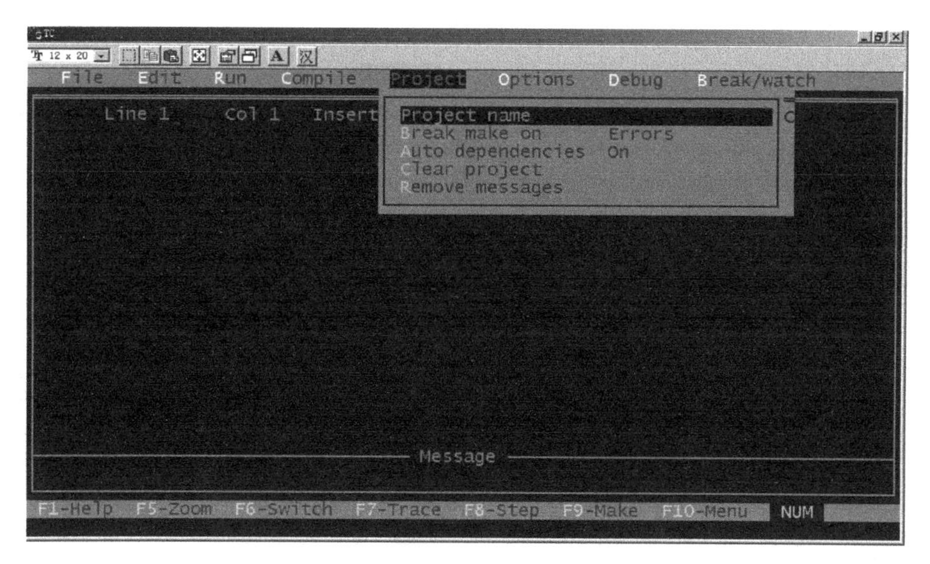

图1-7　“Project”菜单

此时将“file. prj”放入“Project name”项中，以后进行编译时将自动对项目文件中规定的3个源文件分别进行编译，然后连接成“file. exe”文件。如果其中有些文件已经编译成“. OBJ”文件，而又没有修改过，可直接写上扩展名“. OBJ”。此时将不再编译而只进行连接。例如：

```
file1. obj
   file2. c
   file3. c
```

将不对file1. c进行编译，而直接连接。

说明：当项目文件中的每个文件无扩展名时，均按源文件对待，另外，其中的文件也可以是库文件，但必须写上扩展名“. LIB”。

（2）Break make on：由用户选择是否在有Warining、Errors、Fatal Errors时或Link之前退出Make编译。

（3）Auto dependencies：若开关置为on，编译时将检查源文件与对应的“. OBJ”文件的日期和时间，否则不进 行检查。

（4）Clear project：清除“Project”/“Project name”中的项目文件名。

（5）Remove messages：把错误信息从信息窗口中清除掉。

6. “Options”菜单

按“Alt+O”组合键可进入“Options”菜单，该菜单对初学者来说要谨慎使用，如图1-8所示。

（1）Compiler：本项选择又有许多子菜单，可以让用户选择硬件配置、存储模型、调试技术、代码优化、对话信息控制和宏定义。这些子菜单如图1-9所示。

①Model：共有Tiny、small、medium、compact、large和huge 6种不同模式可由用户选 择。

②Define：打开一个宏定义框，用户可输入宏定义。多重定义可用分号，赋值可用

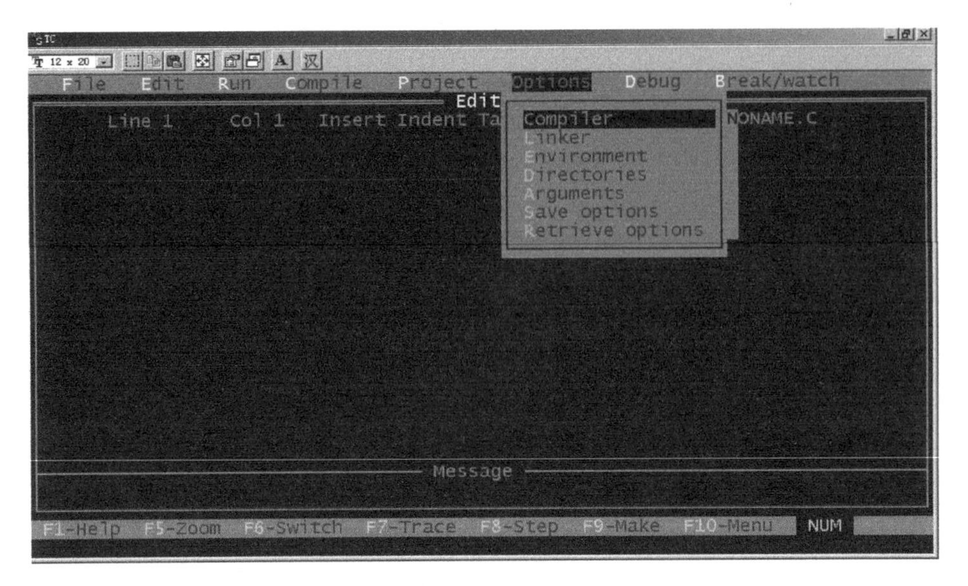

图 1－8 “Options” 菜单

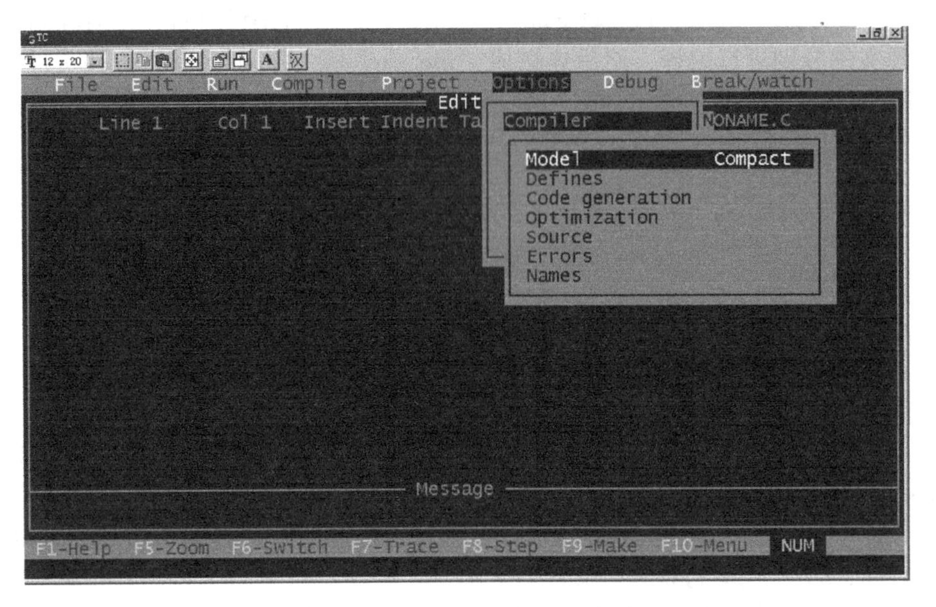

图 1－9 “Compiler” 项的子菜单

等号。

③Code generation：它有许多任选项，这些任选项告诉编译器产生什么样的目标代码。

- Calling convention：可选择 C 或 Pascal 方式传递参数。
- Instruction set：可选择 8088/8086 或 80186/80286 指令系列。
- Floating point：可选择仿真浮点、数字协处理器浮点或无浮点运算。
- Default char type：规定 char 的类型。
- Alignonent：规定地址对准原则。
- Merge duplicate strings：作优化用，将重复的字符串合并在一起。

- Standard stack frame：产生一个标准的栈结构。
- Test stack overflow：产生一段程序运行时检测堆栈溢出的代码。
- Line number：在“.OBJ”文件中放进行号以供调试时用。
- OBJ debug information：在“.OBJ”文件中产生调试信息。

④Optimization：它有许多任选项。

- Optimize for：选择是对程序小型化还是对程序速度进行优化处理。
- Use register variable：用来选择是否允许使用寄存器变量。
- Register optimization：尽可能使用寄存器变量以减少过多的取数操作。
- Jump optimization：通过去除多余的跳转和调整循环与开关语句的办法，压缩代码。

⑤Source：它有许多任选项。

- Identifier length：说明标识符有效字符的个数，默认为32个。
- Nested comments：选择是否允许嵌套注释。
- ANSI keywords only：选择是只允许ANSI关键字，还是也允许Turbo C2.0关键字。

⑥Error：它有许多任选项。

- Error stop after：说明出现多少个错误时停止编译，默认为25个。
- Warning stop after：说明出现多少个警告错误时停止编译，默认为100个。
- Display warning：显示警告。
- Portability warning：移植性警告错误。
- ANSI Violations：侵犯了ANSI关键字的警告错误。
- Common error：常见的警告错误。
- Less common error：少见的警告错误。

⑦Names：用于改变段（segment）、组（group）和类（class）的名字，默认值为CODE、DATA、BSS。

（2）Linker：本菜单设置有关连接的选择项，如图1－10所示。

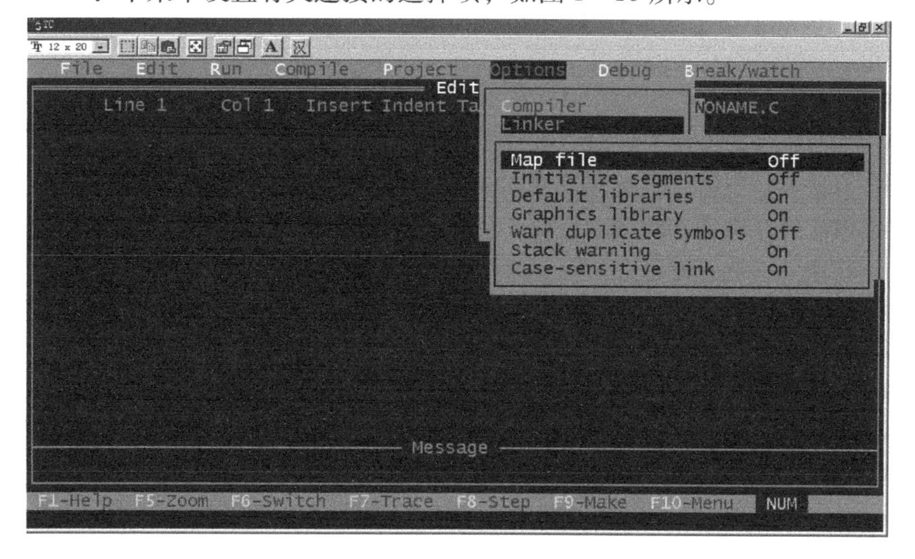

图1－10　“Linker”菜单

①Map file menu：选择是否产生“. MAP”文件。

②Initialize segments：选择是否在连接时初始化没有初始化的段。

③Devault libraries：选择是否在连接其他编译程序产生的目标文件时去寻找其缺省库。

④Graphics library：选择是否连接 graphics 库中的函数。

⑤Warn duplicate symbols：当有重复符号时产生警告信息。

⑥Stack warinig：选择是否让连接程序产生“No stack”的警告信息。

⑦Case－sensitive link：选择是否区分大、小写字母。

（3）Environment：本菜单规定是否对某些文件自动存盘及进行制表键和屏幕大小的设置，如图 1－11 所示。

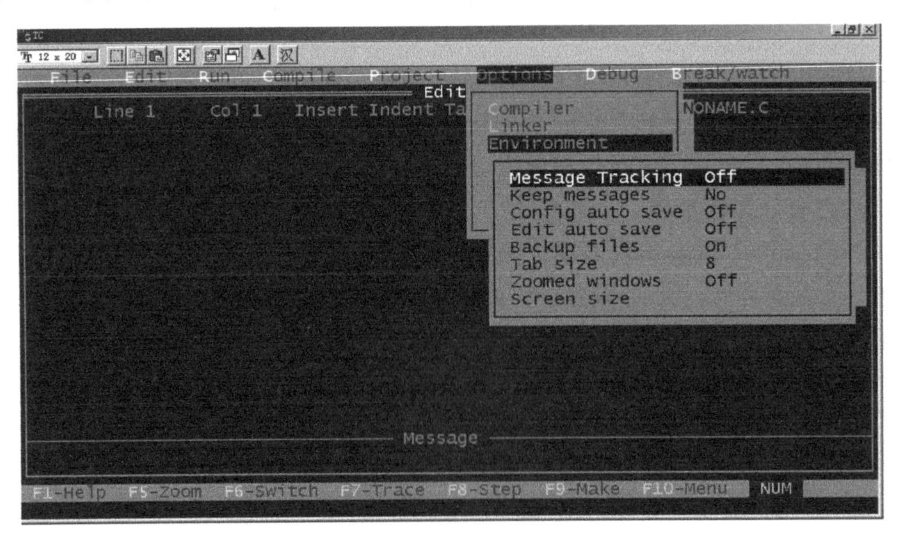

图 1－11 “Environment”菜单

①Message tracking：

- Current file：跟踪在编辑窗口中的文件错误。
- All files：跟踪所有文件错误。
- Off：不跟踪。

②Keep message：选择在编译前是否清除 Message 窗口中的信息。

③Config auto save：选“on”时，在 Run、Shell 或退出集成开发环境之前，如果 Turbo C 2.0 的配置被改过，则所作的改动将存入配置文件中。选“off”时不存。

④Edit auto save：选择是否在 Run 或 Shell 之前，自动存储编辑的源文件。

⑤Backup file：选择是否在源文件存盘时产生后备文件（“. BAK”文件）。

⑥Tab size：设置制表键的大小，默认为 8。

⑦Zoomed windows：将现行活动窗口放大到整个屏幕，其热键为 F5。

⑧Screen size：设置屏幕文本的大小。

（4）Directories：规定编译、连接所需文件的路径，如图 1－12 所示。

①Include directories：包含文件的路径，多个子目录用“;”分开。

②Library directories：库文件路径，多个子目录用“;”分开。

③Output directory：输出文件（“. OBJ”“. EXE”“. MAP”文件）的目录。

图1－12　“Directories”菜单

④Turbo C directoried：Turbo C 所在的目录。

⑤Pick file name：定义加载的 pick 文件名，如不定义则从 currentpick file 中取。

（5）Arguments：允许用户使用命令行参数。

（6）Save options：保存所有选择的编译、连接、调试和项目到配置文件中，缺省的配置文件为“TCCONFIG. TC”。

（7）Retrieve options：装入一个配置文件到 Turbo C 中，Turbo C 将使用该文件的选择项。

7. “Debug”菜单

按“Alt＋D”组合键可选择“Debug”菜单，该菜单主要用于查错，如图1－13所示。

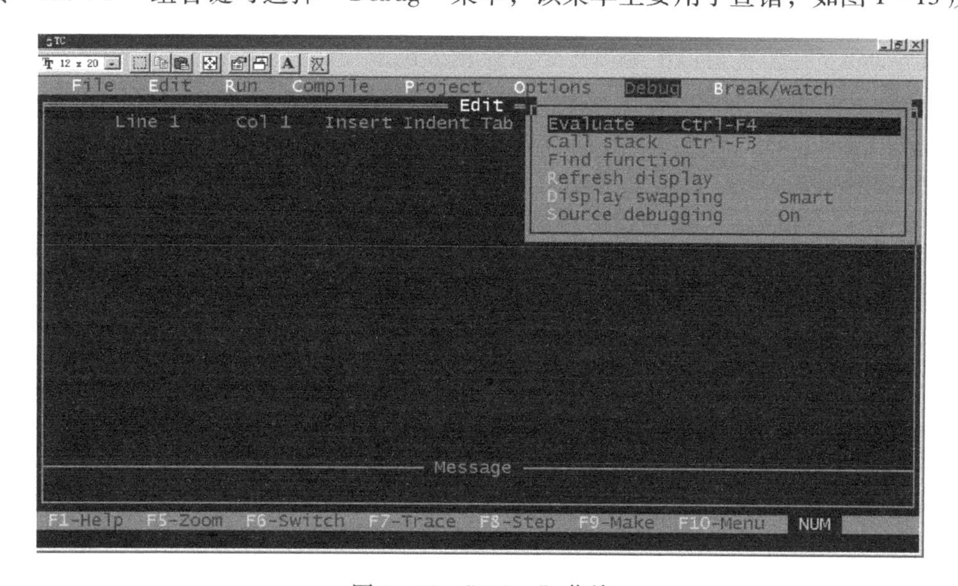

图1－13　“Debug”菜单

（1）Evaluate：

①Expression：要计算结果的表达式。

②Result：显示表达式的计算结果。

③New value：赋给新值。

（2）Call stack：该项不可接触，而在 Turbo C debuger 时用于检查堆栈情况。

（3）Find function：在运行 Turbo C debugger 时用于显示规定的函数。

（4）Refresh display：如果编辑窗口偶然被用户窗口重写，可用此恢复编辑窗口的内容。

8. “Break/watch” 菜单

按“Alt + B”组合键可进入“Break/watch”菜单，如图 1 – 14 所示。

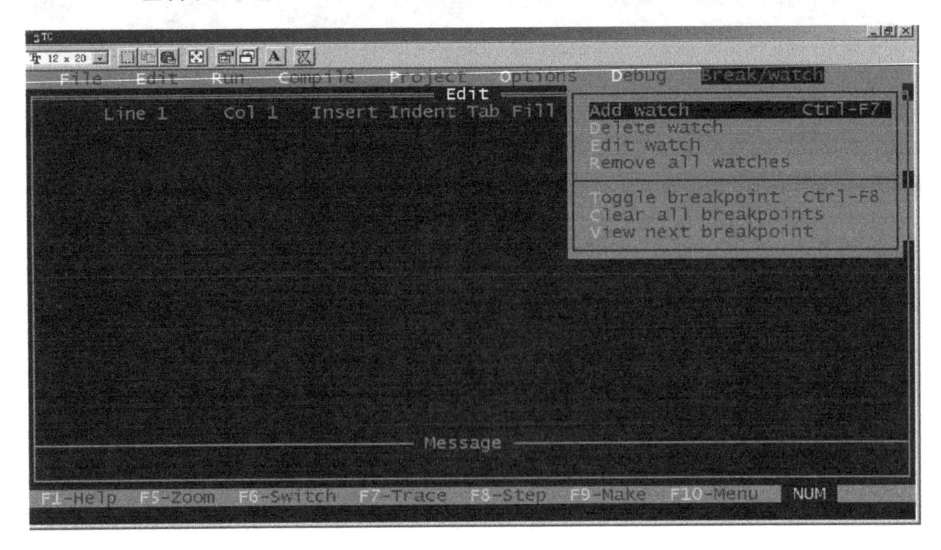

图 1 – 14 “Break/watch” 菜单

①Add watch：向监视窗口插入一监视表达式。

②Delete watch：从监视窗口中删除当前的监视表达式。

③Edit watch：在监视窗口中编辑一个监视表达式。

④Remove all：从监视窗口中删除所有的监视表达式。

⑤Toggle breakpoint：对光标所在的行设置或清除断点。

⑥Clear all breakpoints：清除所有断点。

⑦View next breakpoint：将光标移动到下一个断点处。

三、C 语言源程序的保存、编译、连接和装配

（1）保存：编辑完的源程序，通过主菜单项“File”下拉菜单里的 Save 命令存盘。若源程序是通过 New 命令建立的，那么它当前使用的还是默认名“NONAME. C”。发出 Save 命令后，会弹出“Rename NONAME（为 NONAME 改名）”对话框。这时，用户可以为该程序文件指定正式的名字。

（2）文件的编译命令：Compile to OBJ。

在主菜单“Compile”的下拉菜单里选择“Compile to OBJ”命令，在它的后面显示默认

的目标文件名，按回车键就开始进行编译。

编译完成后，系统会在屏幕上弹出编译信息窗口“Compiling”。通过这个窗口告诉用户编译是成功了，还是发现了错误。如果编译有错，系统会显示必要的信息。可能有两种信息：一是“Warnings”（警告），指错误较轻，系统可以容忍，仍把有警告的程序生成目标程序文件；另一是“Errors”（错误），指较错误严重，系统不能容忍任何一个这样的错误，不生成目标程序文件。

（3）文件的连接命令：Link EXE file。

只有将目标程序文件与系统提供的库函数等连接起来，成为一个可执行的文件，才能对其运行。在主菜单“Compile”的下拉菜单中，选择“Link EXE file”，按回车键就开始连接工作。连接完毕，屏幕上出现连接信息窗口“Linking”。通过该窗口告诉用户连接是成功了，还是发现了错误。

如果把编译和连接分两步进行，那么必须先编译，得到“. OBJ”文件后，才能进行连接，不然会出现错误。

（4）一次完成编译和连接的命令：Make EXE file。

选择“Compile”主菜单项下的“Make EXE file”命令，可以把编译和连接两步工作合并在一起做，一次完成编译和连接，产生“. OBJ”和“. EXE”两个文件。由于该命令简化了操作，而且使用频繁，所以Turbo C专门设立了功能键F9，要想进行编译和连接，按功能键F9即可。

任务小结

（1）同学们对C语言的集成开发环境掌握了吗?

（2）把本项目中的3个案例在C语言集成开发环境中演示一下，看是否能得到正确的结果。

项目二

C语言基本元素

项目任务

本项目通过实现班级学生成绩管理系统的基本功能，如系统中用到的数据、学生成绩的输入/输出、总分与平均分的计算等，来掌握C语言的基本概念。通过任务一掌握C语言的基本数据类型；通过任务二中掌握C语言的运算符和表达式；通过任务三掌握C语言数据的输入和输出。通过本项目的学习，同学们应能够用C语言描述数据，简单处理数据及输入/输出数据，即使读者从未接触过C语言，阅读本书也并不会感到晦涩。

学习目标

☆ 能够定义各种简单类型的常量和变量；
☆ 能对数值常量、字符常量和符号常量进行正确的定义和使用；
☆ 初步学会利用C语言中的运算符和表达式解决现实中的相关问题；
☆ 能编写输入/输出数据的程序。

任务一　数据类型

任务要点

(1) 正确识别和使用数据类型；
(2) 在C语言程序中正确规范书写各种类型的常量；
(3) 在C语言程序中正确定义和使用变量。

任务分析

数学上的数分为整数、小数、分数等。在解方程时，方程式中的数又分为自变量、应变量、常数。那么C语言中的数据如何分类？用自然语言表示的各种数据，在C语言中如何描述？例如：班级学生成绩管理系统中的学生信息主要有：学号、姓名、性别、年龄、几门功课成绩、总成绩、平均成绩等，这些数据在C语言中是如何表示、处理的？它们属于同一类型吗？

【引例2-1】 已知圆的半径，求圆的周长和面积。

```
#include"stdio.h"
#define PI  3.14159
main()
```

```
{  float r=2,perimeter,area;
   perimeter=2* PI* r;
   area=PI* R* R;
   printf("周长=%f\n",perimeter);
   printf("面积=%f\n",area);
}
```

示例解释

引例的程序中，第2行定义了符号常量PI（圆周），其值在程序中不改变。第4行中r、perimeter、area三个变量，分别代表半径、周长、面积。半径r的值暂且为2，只要半径取不同的值，周长、面积的值也要改变。因此在程序中，半径、周长、面积这3个数据的值是变化的。

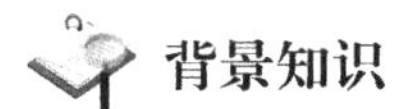

背景知识

知识1：数据类型

在C语言中，数据类型可分为基本数据类型、构造数据类型、指针类型、空类型四大类。数据属于哪一种类型要用类型说明符加以说明，例如：整数用int说明，字符用char说明。

1. C语言的数据类型

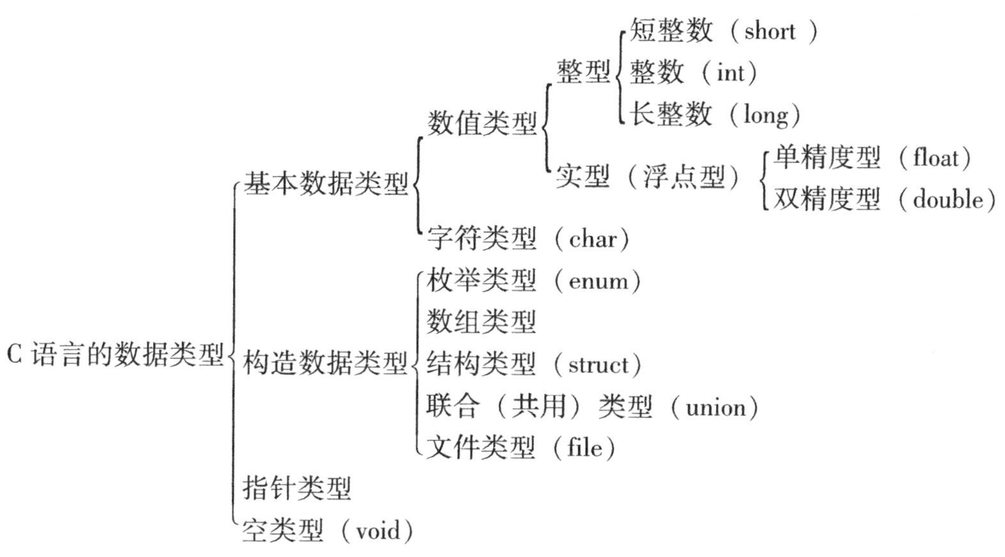

C语言程序中的每个数据都必须有一个确定的数据类型，没有无类型的数据，也不可能有一个数据同时具有多种数据类型。本书主要介绍几种基本数据类型的使用方法，其他数据类型在后续章节中再详细介绍。

2. 基本数据类型的名字和长度

计算机处理数据时先把数据存放在内存中，不同类型的数据在内存中占据不同长度的存储区，不同类型的数据的取值范围也不同，类型说明符代表一个基本类型的名字，用来说明一个数据的类型，见表 2－1。

表 2－1　基本数据类型

数据类型	类型说明符	类型的长度/字节	取值范围
字符型	char	1	有符号：－128～127 无符号：0～255
整型	int	2	2 字节：－32768～32767
长整型	longint（long）	4	约－21 亿～21 亿
单精度实型	float	4	绝对值约 13.4e－38～13.4e＋38
双精度实型	double	8	绝对值约： 1.7e－308～1.7e＋308

对于基本数据类型量，按其取值是否可改变又分为常量和变量两种。在程序执行过程中，其值不发生改变的量称为常量，取值可变的量称为变量。

知识 2：常量

常量也就是常数，一般自身的书写形式直接表示数据类型。在程序中，常量是可以不经说明而直接引用的。

（1）整型常量，如 12、0、－3；整数后加 L 或 l，强调为长整型常量，例如 582L。

（2）实型常量。

实型常量用两种方式书写：①小数形式，如 4.6、－1.23；②指数形式（浮点数），用字母 e 或 E 表示 10 的次幂，例如：123.45 和 1.2×10^{-9} 可表示为：1.2345e2 和 1.2e－9。

单精度浮点数：在浮点数后面加 f 或 F，如：3.14159F，不加默认单精度。

双精度浮点数：在浮点数后面加 d 或 D，如：3.14159d。

（3）字符常量。

字符常量是由一对单引号括起来的一个字符。它分为一般字符常量和转义字符。一个字符常量在计算机的存储区中占据一个字节。

①一般字符常量。一般字符常量是用单引号括起来的一个普通字符，其值为该字符的 ASCII 代码值。ASCII 代码值是一个 0～127 的整数，如 'T' 'p' '0' '？' 等都是一般字符常量，但是 'T' 和 't' 是不同的字符常量，'T' 的值为 84，而 't' 的值为 116。

小提示

字符可以是字符集中的任意字符，但数字被定义为字符型之后就不再是原来的数值了。例如：'0' 和 0 是不同的量。'0' 是字符常量，0 是整型常量。

②转义字符。C语言允许用一种特殊形式的字符常量，它是以反斜杠（\）开头的特定字符序列，表示 ASCII 字符集中的控制字符、某些用于功能定义的字符和其他字符。如程序中的'\n'表示回车换行符，'\t'表示横向跳到下一制表位置。常用的转义字符见表2-2。

表2-2 常用的转义字符

转义字符	转义字符的意义	ASCII 代码
\n	回车换行	10
\t	横向跳到下一制表位置	9
\b	退格	8
\r	回车	13
\f	走纸换页	12
\\	反斜线符"\"	92
\'	单引号符	39
\"	双引号符	34
\a	鸣铃	7

小提示

转义字符从书写上看是一个字符序列，实际上是被作为1个字符对待的，存储时只占1个字节。

（4）字符串常量。

字符串常量（简称字符串）是用一对双引号括起来的一个字符序列，其字符的个数称为字符串长度。双引号是字符串的定界符而不是字符串的组成部分，双引号中的任何一个字符都是一个字符常数，其形式为不带单引号的字符（图形符号或转义字符）。

一个字符串可以包含0个字符，表示为""（两个相邻的双撇号），称为空串。字符串在机内存储时，系统自动在其末尾加一个'\0'，'\0'是字符串的结束标志，以确定字符串的实际长度，字符串的实际长度比实际长度大1。空串的实际长度为0，存储长度为1。

例如："china\n" 字符串存储示意如图2-1所示。

c	h	i	N	a	\n	\0

图2-1 字符串存储示意

小提示

C语言中没有字符串类型，但可以表示字符串常数。

（5）符号常量。

在C语言中，可以用一个标识符来表示一个常量，称为符号常量。符号常量在使用之前必须先定义，其一般形式为：

```
#define 标识符 常量
```

例如：

```
#define STUDENT  50
```

其功能是把该标识符定义为其后的常量值。一经定义，以后在程序中用该标识符代替该常量出现，这提高了程序的可读性，也给程序的修改带来极大的方便。习惯上符号常量的标识符用大写字母。

知识3：变量

1. 认识变量

在程序运行过程中，值可以改变的量称为变量。

为什么要使用变量呢？编写程序时，常常需要将数据存储在内存中，以方便后面使用这个数据或者修改这个数据的值，通常使用变量来存储数据。

变量名和变量值是两个不同的概念。一个变量应该有一个名字，就是变量名，在内存中占据一定的存储单元。变量值是存放在该变量存储单元中的值，当给变量赋新值时，新值会取代旧值，这是变量值发生变化的主要原因。不同类型的变量存放不同类型的数据。变量示意如图2－2所示。

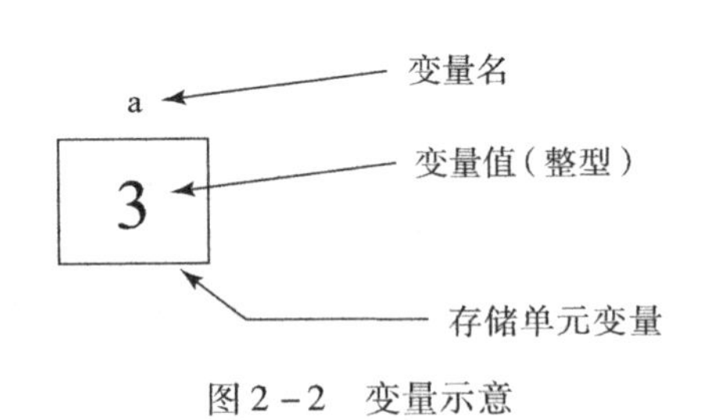

图2－2　变量示意

小提示

变量三要素：变量名、变量类型、变量值。

2. 变量的定义

变量定义的实质是按照变量说明的数据类型为变量分配相应空间的存储单元，即变量在使用之前首先定义它的名字，并说明它的数据类型，以便存放相应的数据。

变量定义的一般格式如下：

```
数据类型　变量名1,变量名2,…,变量名n;
```

例如：

```
int  r;
float  radius,length,area;
char ch;
double x,y;
```

说明：

（1）允许在一个类型说明符后，说明多个相同类型的变量。各变量名之间用逗号间隔。类型说明符与变量名之间至少用一个空格间隔。

（2）最后一个变量名之后必须以“;”号结尾。

（3）变量说明必须放在变量使用之前。一般放在函数体的开头部分。

（4）变量名要遵守C语言标识符的命名规则，要区分大、小写，习惯用小写。

3. 为变量赋初值

在定义变量的同时为变量赋一个初值，称为变量初始化。

其一般格式如下：

```
数据类型　变量名1=初值,,变量名2=初值2,…,变量名n=初值n;
```

例如：

```
int r=3;
float x=2.5,y=2.5,z=2.5;
char ch='a';
```

小提示

C语言中没有字符串类型变量，字符串存储要用数组，后面将会介绍。

任务实施

通过相关理论的学习，同学们应该可以对问题中的相关数据进行分析及定义，将现实中的数据处理成C语言能够理解的数据。

（1）假定班级学生成绩管理系统能处理一个班（30个学生）的数据。通常情况下，学生人数这个数据在程序的运行过程中不变，因此，可以把一个班学生的总人数定义 为符号常量。

（2）班级学生成绩管理系统中的学生信息主要有：学号，姓名，性别，年龄，语文、数学、英语成绩及总成绩，平均成绩等。这些数据在程序运行过程中是可以改变的，可以定义它们为变量。

（3）通过分析把所有的数据进行详细的列出，见表2－3。

表2－3　班级学生成绩管理系统

数据	名称	数据类型	变量/常量
班级人数	STUCOUNT	常量	符号常量
学号	stunum	整型	变量
姓名	stuname	字符串	
性别	stusex	字符	变量
年龄	stuage	整型	变量
语文成绩	cscore	实型	变量
数学成绩	mscore	实型	变量
英语成绩	escore	实型	变量
总成绩	totalscore	实型	变量
平均成绩	avescore	实型	变量

（4）在C语言中的定义如下：

```
#define  STUCOUNT  30
void  main()
    {  int  stunun;
         char  stusex;
         Int  stuage;
         float  cscore,mscore,escore;
         float  totalscore,avescore;
      ...
    }
```

在这个程序中没有把姓名定义成字符串变量，因为C语言中没有字符串变量，存储、处理要通过其他方法，在后面的实践中逐渐认识和运用。

（5）可对这些变量赋一个初始值：

```
#define  STUCOUNT  30
 void  main()
```

```
{  int  stunun=10;
   char  stusex='m';
    int  stuage=18;
    float  cscore=89,mscore=78,escore=90;
   float  totalscore=0,avescore=0;
   ...
}
```

能力大比拼，看谁做得又好又快

设银行定期存款的年利率 rate 为 2.25%，并已知存款期为 n 年，存款本金为 capital 元，试编程计算 n 年后的本利之和 deposit。

（1）填表（表 2-4）

表 2-4　计算本利之和所用的数据

数据	名称	数据类型	变量/常量

（2）写出正确的 C 语言定义方式。

思考：如果存款为 10 万元，存款期为 10 年，应如何定义？

任务小结

你掌握了吗？

（1）明确基本数据类型的特点，在编写程序时根据实际情况选用相应的数据类型。

（2）学会基本数据类型常量的表示方法。

（3）学会基本数据类型变量的定义、使用方法和原则。

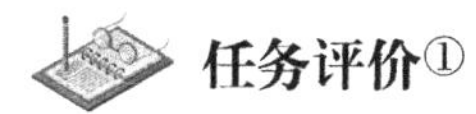

任务评价①

对本任务进行评价，填入表 2-5。

① 编辑注：本书中仅项目二包含“任务评价”模块，特此说明。

表 2-5 项目二/任务一的评价

检测项目	评分标准	分值	学生自评	小组评估	教师评估	
任务知识内容	基本数据类型	能说出 3 种基本数据类型及其相关特点	10			
	常量	能写出各种常量的表示方法。	20			
	变量	能说出变量三要素的相关概念	20			
任务操作技能	基本数据类型/常量及变量的使用	能分析问题中相关数据的类型，并正确定义	50			

任务二　运算符与表达式

任务要点

（1）描述各种运算符的运算规则、优先级和结合性；

（2）写出符合语法规则的 C 语言表达式；

（3）正确计算表达式的值。

任务分析

当变量被定义为某一种类型后，即被分配相应的存储空间，此后并不能放置一旁而不用，还需要对其进行加工。何谓加工？怎么加工？

一个班进行了一次考试，张三的成绩为：语文 90、数学 89、英语 78，它的总分和平均分是多少？怎样计算？C 语言的处理方法和人们日常的处理方法一样吗？

【引例 2-2】 求一元二次方程 $2^2+6x+1=0$ 的实根。在本任务中不考虑方程是否有实根：

$$x1=\frac{-b+\sqrt{b^2-4ac}}{2a},\quad x2=\frac{-b+\sqrt{b^2-4ac}}{2a}$$

```
#include"stdio.h"
#include"math.h"
main()
    {int a,b,c;
     a=2;b=3;c=1;/* 给变量赋数据*
     d=b* b-4* a* c;/* 计算△的值* /
     x1=(-b+sqrt(d))/(2* a);/* 计算方程的一个根 x1* /
     x2=(-b-sqrt(d))/(2* a);/* 计算方程的第二个根 x2* /
```

```
    printf("x1 =% d,x2 =% d\n",x1,x2);
}
```

就像在容器中装东西一样，C 语言中也经常将数据赋值给变量，这一操作借助赋值运算符“ = ”实现，如本程序中第 5 行，用“ = ”给 3 个变量赋值。由数学知识可知方程根如何求，此处关键是用 C 语言怎样求，本程序的第 6、7、8 行完成△和两个根的计算。

背景知识

在 C 语言中，对常量和变量的处理是通过运算符来实现的，常量和变量通过运算符组成 C 语言表达式，表达式是语句的一个重要组成要素。C 语言提供的运算符很多。本任务仅介绍其中常用的算术运算和赋值运算及逗号表达式。

知识 1：算术运算符与算术表达式

1. 算术运算符

算术运算符除了负值运算符外都是双目运算符，即负责两个运算对象之间的运算。取负值运算符是单目运算符。表 2 -6 给出了基本算术运算符的种类和功能。

表 2 -6　基本算术运算符的种类和功能

运算符	名称	例子	运算功能
-	取负值	-x	取 x 的负值
+	加	x + y	求 x 与 y 的和
-	减	x - y	求 x 与 y 的差
*	乘	x * y	求 x 与 y 的积
/	除	x/y	求 x 与 y 的商
%	求余（或模）	x% y	求 x 除以 y 的余数

使用算术运算符时应注意以下几点：

（1）减法运算符“ - ”可作取负值运算符，这时为单目运算符，例如：-(x + y)、-10 等。

（2）使用除法运算符“/”时，若参与运算的变量均为整数，其结果也为整数（舍去小数），例如：5/2 结果为 2，1/2 结果为 0。如果参与运算的两个数中有一个为实数，则运算结果为实行数，例如：5.0/2、5/2.0、5.0/2.0 的结果都为 2.5。

（3）使用求余运算符（模运算符）“%”时，要求参与运算的变量必须均为整型，其结果值为两数相除所得的余数。一般情况下，所得的余数与被除数符号相同，例如：7%4 = 3，10%5 =0，-8%5 = -3，8% -5 =3。

2. 算术表达式

用算术运算符、圆括号将运算对象（或称操作数）连接起来的符合 C 语法规则的式子，称为 C 算术表达式。其中运算对象可以是常量、变量、函数等，例如（a + b）/（2 * c）。

C 算术表达式的书写形式与数学中表达式的书写形式是有区别的，在使用时要注意以下几点：

（1）C 算术表达式中的乘号不能省略。例如：数学式 b^2-4ac 相应的 C 算术表达式应写成：b * b - 4 * a * c。

（2）C 算术表达式中只能使用系统允许的标识符。例如：数学式 πr^2 相应的 C 算术表达式应写成：3.1415926 * r * r。

（3）C 算术表达式中的内容必须书写在同一行，不允许有分子分母形式，必要时要利用圆括号保证运算的顺序。例如：

数学式$\frac{a+b}{c+d}$相应的 C 算术表达式应写：(a+b) / (c+d)；

数学式$\frac{a+b}{2c}$相应的 C 算术表达式应写：(a+b) / (2 * c)。

（4）有些运算必须调用库函数完成，如求绝对值和平方根方等运算，C 语言已经将它们定义成标准库函数，存放在数学库文件“math.h”中，用户只需直接调用即可。

例如：

数学式 $x^y+|z|$ 相应的 C 算术表达式应写为：pow(x, y) + fabs(z)；

数学式 $x1=\frac{-b+\sqrt{b^2-4ac}}{2a}$相应的 C 算术表达式应写为：(-b + sqrt(b * b - 4 * a * c)) / (2 * a)。

小提示

使用标准数学库函数时，应该在程序开头使用命令“#include" math.h"”。

（5）C 算术表达式不允许使用方括号和花括号，只能使用圆括号帮助限定运算顺序。可以使用多层圆括号，但左、右括号必须配对，运算时从内层圆括号开始，由内向外依次计算表达式的值。

3. 算术运算符的优先级、结合规律

C 语言规定了进行表达式求值过程中，各运算符的优先级和结合性。

（1）优先级：当一个表达式中有多个运算符时，计算是有先后次序的，这种计算的先后次序称为相应运算符的优先级。

结合性：其是指当一个运算对象两侧的运算符的优先级别相同时，进行运算（处理）的结合方向。按“从右向左”的顺序运算，称为右结合性；按“从左向右”的顺序运算，称为左结合性。部分运算符的结合性和优先级见表 2-7。

表 2-7　部分运算符结合性和优先级

运算种类	结合性	优先级
*，/，%	从左向右	高 ↓ 低
+，-	从左向右	

若表达式中运算符的优先级别相同，则按运算符的结合方向（结合性）进行。

在书写包含多种运算符的表达式时，应注意各个运算符的优先级，从而确保表达式中的运算符能以正确的顺序执行，如果对复杂表达式中运算符的计算顺序没有把握，可用圆括号强制实现计算顺序。

4. 算术运算中的数据类型转换

整型和实型数据通过算术运算符组成混合表达式，可以进行混合运算。字符型和整型可以通用，因此，整型、实型和字符型数据间可以进行混合运算。例如：10 +3.5/0.7 -2.5 * 2 + 'a'是合法的。

在计算表达式的值时，要先把数据转换成同一类型，然后进行运算。类型转换的方式有两种，一种是系统自动进行类型转换，一种是强制类型转换。

1）系统自动进行类型转换

当一个运算符两端的运算量类型不一致时，按“向高看齐”的原则对“较低”的类型进行提升。图2 -3 表示了类型自动转换的规则。

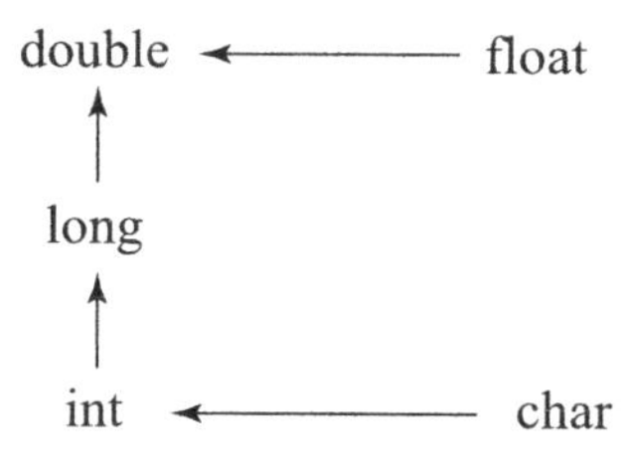

图2 -3 类型自动转换的规则

2）强制类型转换

强制类型转换是通过类型转换运算来实现的。

其一般形式为：

```
(类型说明符) (表达式)
```

其功能是把表达式的运算结果强制转换成类型说明符所表示的类型。

例如：

```
(float)a        //把 a 转换为实型
(int)(x+y)      //把 x+y 的结果转换为整型
```

在使用强制类型转换时应注意以下问题：

(1) 类型说明符和表达式都必须加括号（单个变量可以不加括号），如把“(int) (x+y)”写成“(int) x+y”则成了把 x 转换成 int 型之后再与 y 相加了。

(2) 无论是强制转换还是自动转换，都只是为了本次运算的需要而对变量的数据长度进行的临时性转换，而不改变数据说明时对该变量定义的类型。

5. 自增、自减运算符

(1) 自增运算符（++）：使变量的值增 1。

例如：“i++”；表示使用完 i 之后，使 i 的值增 1。“++i”；表示先使 i 的值增 1，然后再使用 i。

(2) 自减运算符（--）：使变量的值减 1。

例如："i -- ;"表示使用完i之后，使i的值减1。"--i;"表示先使i的值减1，然后再使用i。

通过表2-8，可进一步了解自增、自减运算符的使用方法。

表2-8 自增、自减运算符的使用方法

表达式	如何计算	结果（num1 =5）
num2 = ++num1;	num1 = num1 +1; num2 = num1;	num2 =6; num1 =6;
num2 = num1 ++;	num2 = num1; num1 = num1 +1;	num2 =5; num1 =6;
num2 = --num1;	num1 = num1 -1; num2 = num1;	num2 =4; num1 =4;
num2 = num1 --;	num2 = num1; num1 = num1 -1;	num2 =5; num1 =4;

能力大比拼，看谁做得又好又快

（1）如何判断一个数n是偶数还是奇数？

（2）1/2 +30%3 + （++b），设b = -4。此表达式的值为多少？

（3）若"int a =2，b =3; float x =3.5，y =2.5;"，则（a + b）/2 + （int）x%（int）y的值为多少？

知识2：赋值运算符和赋值表达式

1. 简单赋值运算符和表达式

赋值运算完成给变量提供数据的功能，"="就是赋值运算符。

由赋值运算符组成的表达式称为赋值表达式。其一般形式为：

```
变量名 =表达式
```

赋值的含义：将赋值运算符右边的表达式的值存放到以左边变量名为标识的存储单元中。

赋值表达式的计算过程如下：

（1）计算赋值符号"="右边表达式的值。

（2）自动将表达式的值的数据类型统一成"="左侧变量的数据类型。

（3）将所得结果赋给"="左侧的变量。

例如："a =2"将2赋给变量a，a的值就是a。b =a +5，若a为3，则b的值为7。

说明：

（1）赋值运算符的左边必须是变量，右边的表达式可以是单一的常量、变量、表达式和函数调用语句。

（2）赋值符号"="不同于数学中使用的等号，它没有相等的含义。

（3）赋值表达式尾部加上分号，构成赋值语句，例如：

```
a =2;
b =a +5;
```

（4）向变量存放数据，这个操作称为给变量赋值。当给变量赋新值时，新值会取代旧

值，这称为“存新去旧”。读取变量当前的值，以便计算，这个操作称为取值。读完以后，里面数据还存在，称它为“取之不尽”。

2. 复合赋值运算符

在赋值运算符“=”之前加上其他二目运算符可构成复合赋值运算符。复合赋值运算符主要有“+=”“-=”“*=”“/=”“%=”等，具有右结合性。

复合赋值表达式的一般形式为：

<变量><复合赋值运算符>=<表达式>等价于：

<变量>=<变量><运算符><表达式>

例如：“x+=5;”等价于“x=x+5;”。“x/=5;”等价于“x=x/5;”。

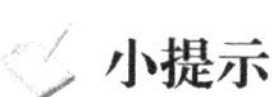

小提示

赋值语句“a*=b+c;”等同于“a=a*(b+c);”，而不是“a=a*b+c;”。

能力大比拼，看谁做得又好又快

执行下列程序段后，变量a、b以及n的值各是多少？

(1) int a, b; a=2; b=5; a=b; b=a+b;

(2) int a, b; a=2; b=5; b=a; a=a-b;

(3) int n=0; n++; n+=5; n*=n+5;

知识3：逗号运算符和逗号表达式

在C语言中，逗号“,”也是一种运算符，称为逗号运算符。其功能是把两个表达式连接起来组成一个表达式，称为逗号表达式。

其一般形式为：

```
表达式1,表达式2,...,表达式n
```

其求值过程是：先计算表达式1，再计算表达式2，依次计算，直到表达式n。表达式n的值是整个逗号表达式的值。

```
main()
  {
      int a=2,b=4,c=6,x,y;
      y=(x=a+b),(b+c);
       printf("y=%d,x=%d",y,x);}
```

其运行结果：y=10，x=6。

本例中，先计算“x=(a+b)，(b+c)，”把a+b的值赋给x，x就是第一个表达式的值，b+c是第二个表达式的值。把整个逗号表达式的值赋给y，y就是表达式2的值。

并不是在所有出现逗号的地方都组成逗号表达式，如在变量说明中，函数参数表中的逗号只用作各变量之间的间隔符。

任务实施

根据前面所学的知识，可知总分和平均分的C语言写法如下：

1. 总分

```
void  main()
    {  int stunun =10;
       char stusex = 'm';
        int stuage =18;
        float cscore =89,mscore =78,escore =90;
       float totalscore =0,avescore =0;
      totalscore = cscore + mscore + escore;
      avescore = totalscore/3;
       ...
       }
```

2. 平均分

```
void  main()
  {  int stunun =10;
     char stusex = 'm';
     int stuage =18;
     float cscore,mscore,escore;
    float totalscore,avescore;
    cscore =89;mscore =90;escore =78;
    totalscore = cscore + mscore + escore;
    avescore = totalscore/3;
    ...}
```

变量值可以通过初始化取得，也可以在定义后通过给变量赋值的方法取得或者通过计算获得。

能力大比拼，看谁做得又好又快

已知x是整数，且100≤x≤999，求x的各位数并将其分别赋给ones、tens、hunds。写出相应的表达式语句。

任务小结

你掌握了吗？

（1）掌握赋值运算符和赋值表达式、变量的赋值方法。

（2）掌握算术运算符和表达式的使用方法。

（3）能够根据实际问题使用运算符构造表达式，并正确求取表达式的值。

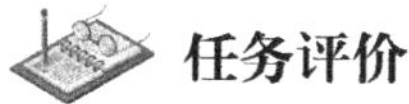

任务评价

对本任务进行评价，填入表2－9。

表2－9 项目二/任务二的评价

检测项目	评分标准	分值	学生自评	小组评估	教师评估	
任务知识内容	赋值运算符	赋值运算符的功能和使用方法	15			
	算术运算符	算术运算符的功能和使用方法	20			
	逗号运算符	逗号运算符的功能和使用方法	5			
任务操作技能	各运算符的运用	根据数学表达式及算法的描述，熟练地写出各种C语言表达式	60			

任务三　数据的输入/输出

任务要点

（1）按格式输入/输出函数及格式字符的用法；
（2）实符输入/输出函数的用法。

任务分析

（1）要把计算机中的数据输出到显示器上，例如将任务二中学生的总分和平均分输出到显示器上，应如何操作？解决办法：在程序中增加输出语句。

（2）3门课程的成绩是在程序中通过赋值的方式给定的，如果要改变它们的值，需重新修改程序，重新编译、连接、执行。能否在执行时输入数据，而不需要修改程序，重新编译、连接、执行？解决办法：在程序中增加从键盘输入数据的语句。

【引例2－3】 编写程序，计算长方形的面积。

```
 #include"stdio.h"
main()
{  float a,b,area;  /* 定义变量* /
   printf("\n 请输入长方形的长和宽:");/输出提示信息* /
   scanf("%f,%f",&a,&b);  /* 从键盘输入数据* /
   area=a* b;/* 计算面积* /
   printf("长方形的面积=%7.2f\n",area);/* 输出结果* /
}
```

这个程序结构非常简单。第一条是变量定义语句，申明 3 个变量；第二条是输出语句，提示用户输入数据；第三条是输入语句，从键盘输入数据，并存放到变量 a，b 中；第四条是赋值语句，用于保存结果到变量 area 中；第五条是输出语句，把计算结果输出到显示器上。

背景知识

所谓数据的输入和输出是以计算机为主体而言的，本任务介绍的输入设备是键盘，输出设备是显示器。printf( ) 函数和 scanf( ) 函数原型包含在标准输入/输出头文件" stdio. h" 中。使用标准输入/输出库函数时要用到 “stdio. h” 文件，因此源文件开头应有以下预编译命令：

```
#include < stdio.h >
```

或

```
#include"stdio.h"
```

stdio 是 “standard input &outupt” 的简写。

知识 1：printf( ) 函数（格式输出函数）

1. 函数功能

printf( ) 函数称为格式输出函数，其关键字的最末一个字母 f 即 “格式” （format） 之意。其功能是按用户指定的格式，把指定的数据显示到显示器屏幕上。

2. printf( ) 函数调用的一般形式

```
printf("格式控制字符串",输出表列);
```

（1） 格式控制字符串可以包含 3 类字符。

①格式说明符：以 “%” 开头的字符串，在% 后面跟有各种格式字符，以说明输出数据的类型、形式、长度、小数位数等。例如：“%d” 表示按十进制整型输出。常用格式说明符及使用场合见表 2－10。

表 2－10 常用格式说明符及使用场合

类型		格式	使用场合
整型	int	%d	输入/输出基本整型数据
	long	%ld	输入/输出长整型数据
实型	float	%f	以小数形式输入/输出单精度实型数据
		%e	以指数形式输入/输出单精度实型数据
	double	%lf	以小数形式输入/输出双精度实型数据
		%le	以指数形式输入/输出双精度实型数据
字符型	char	%c	输入/输出单个字符

②转义字符：“\ n” 是输出函数中最常用的转义字符，起到回车换行的作用。

③普通字符：除了格式说明符和转义字符，其他都是普通字符，普通字符在输出时原样照印，在显示中起提示、分隔作用。

（2）输出表列。

输出表列中给出了各个输出项，各输出项之间需要用“,”隔开，输出项可以是常量、变量和表达式。

例如：

```
#include <stdio.h>
void main()
{  int age =18;
   char sex ='g';
   float fee =345.67;
   printf("About me:\n");
   //普通字符+换行,这种用法经常在输出提示信息时采用。
   printf("I  am  a student !");
   printf("age =%d,sex =%c,salary =%f \n",age,sex,fee);
   /* 要注意格式字符串和各输出项在数量和类型上应该一一对应。输出时,格式字符位置用对应输出数据代替。* /
}
```

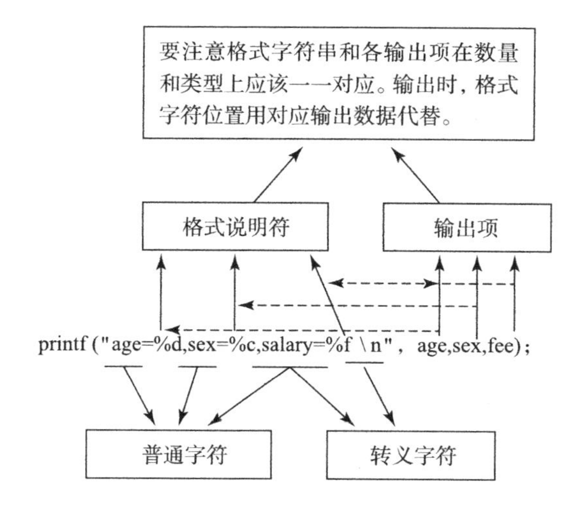

运行结果：About me：

```
I  am  a student ! age =18,sex ='g',fee =345.670000
```

（3）调用 printf( ) 函数时需要注意的是：

①双引号中的格式控制字符串，除了格式字符串和转义字符以外的普通字符都会原样输出。

②符号“%”和格式字符之间不能有空格。

③“%”后面的格式字符必须小写，大写无效。

④printf( ) 函数允许用户指定输出的宽度以及对齐方式。方法是在“%”和格式符之间

插入控制符，见表 2－11。

表 2－11　指定输出宽度及对齐方式

控制长度及对齐方式	输出结果	说明
printf（"%5d"，222）	□□□222	占 5 位，右对齐，不足 5 位左边补空格
printf（"%－5d"，222）	222□□□	占 5 位，左对齐，不足 5 位右边补空格
printf（"%2d"，222）	222	超出指定宽度时不受宽度限制
printf（"%5.1f"，22.22）	□22.2	占 5 位，小数点后占 1 位，右对齐，不足 5 位，左边补空格
printf（"%－5.1f"，22.22）	22.2□	占 5 位，小数点后占 1 位，左对齐，不足 5 位，右边补空格
printf（"%.1f"，22.22）	22.2	小数点后占 1 位
printf（"%e"，22.22）	2.222e＋1	—
printf（"%5.1e"，22.22）	2.2e＋1	—

能力大比拼，看谁做得又好又快

有如下程序：

```
main()
{
  int a=15;
  float b=123.1234567;
  double c=12345678.1234567;
  char d='p';
  printf("a=%d,%5d \n",a,a);
  printf("b=%f,%lf,%5.4lf,%e \n",b,b,b,b);
  printf("c=%lf,%f,%8.4lf \n",c,c,c);
  printf("d=%c,%8c \n",d,d);
}
```

请写出程序运行结果。

知识 2：scanf（）函数（格式输入函数）

（1）功能：按照给定的格式从标准输入设备上接收整型、实型、字符型和字符串等各种类型的一个或多个数据的输入并将其保存到指定的变量中。

（2）调用格式：

```
scanf("格式控制字符串",输入项地址列表);
```

①控制字符串可有两类字符：格式字符和普通字符。格式字符的用法同 printf（）函数。普通字符的处理方法不同，输入数据时，除了在格式字符位置上输入具体数据外，其他普通

字符原样输入。

②地址表列中给出各变量的地址。地址是由地址运算符“&”后跟变量名组成的。例如：“&a，&b”分别表示（取）变量a和变量b的地址。

在赋值表达式中给变量赋值，如“a = 12;”，则a为变量名，12是变量的值，&a是变量a的地址。

③在输入多个数值数据时，没有普通字符时，可用空格、TAB或回车作间隔。

例如：

```
scanf("%d%d",&a,&b);
```

正确输入操作：12　36 回车

或者：12 回车

　　　26 回车

或者：12 Tab　36 回车

④如果在“格式控制”字符串中除了格式说明外还有其他字符，则在输入数据时应输入与这些字符相同的字符。

例如：

```
scanf("%d,%d",&a,&b);
```

正确输入操作：12，26 回车

```
scanf("a=%d,b=%d",&a,&b);
```

正确输入操作：a = 12，b = 26 回车

⑤在输入字符数据时，若格式控制串中无非格式字符，则认为所有输入的字符均为有效字符。

例如：

```
scanf("%c%c%c",&a,&b,&c);
```

输入为：

```
d e f
```

则把'd'赋予a，把' '赋予b，把'e'赋予c。

只有当输入为：

```
def
```

时，才能把'd'赋予a，把'e'赋予b，把'f'赋予c。

如果在格式控制中加入空格作为间隔，如：

```
scanf("%c %c %c",&a,&b,&c);
```

则输入时各数据之间可加空格。

能力大比拼，看谁做得又好又快

(1)

```
int a;float b;char c;
```

```
scanf("%d%f%c",&a,&b,&c);
```

假如给变量 a 输入 2，给变量 b 输入 12.5，给变量 c 输入'w'，应该如何进行输入操作？

(2)

```
main(){
char a,b,c;
 printf("input character a,b,c\n");
 scanf("%c %c %c",&a,&b,&c);
 printf("%d,%d,%d\n%c,%c,%c\n",a,b,c,a-32,b-32,c-32);
  }
```

请写出该程序所实现的功能。

知识 3：单个字符输入/输出函数

在 C 语言程序中，经常需要对字符数据进行输入和输出操作。字符的输入/输出除了可以使用 scanf（）和 printf()函数外，还可以使用专门用于字符输入/输出的函数。

1. getchar() 函数

(1) 功能：getchar() 函数是对单个字符进行输入的函数。它的功能是：从标准输入设备上（键盘）输入一个，且只能是一个字符，并将该字符返回作为 getchar() 函数的值。

(2) 格式：

```
getchar()
```

例如：

```
char ch;
ch=getchar();
```

ch 为字符型变量，上述语句接收从键盘输入的一个字符并将它赋给 ch。

例如：getchar() 函数的应用。

```
 #include <stdio.h>
main()
{  int i;
   i=getchar();
   printf("%c  :%d\n",i,i);
}
```

执行本程序时，按下字符“A”并回车后，显示结果如下：

```
A:65
```

(3) 在使用 getchar() 函数时，要注意以下几点：

①getchar() 函数是不带参数的库函数，但是“()”不能省略。

②用户输出一个字符后，只有按下回车键输入的字符才有效。

③getchar() 函数只接受一个字符，而非一串字符。上例中，若输入“abcde”，getchar()

函数也只接受第一个字符“a”。

④getchar( ) 函数得到的字符可以赋给一个字符变量或整型变量，也可以不赋给任何变量，而将之作为表达式的一部分。

2. putchar( ) 函数

（1）功能：putchar( ) 函数是对单个字符进行输出的函数。它的功能是将指定表达式的值所对应的字符输出到标准设备（终端），每次只能输出一个字符。

（2）格式：

```
putchar(输出项)
```

putchar( ) 函数必须带输出项，输出项可以是字符型常量或变量。

（3）putchar( ) 函数的应用。

```
#include"stdio.h"
  main()
  {
     char o=‘O’,k=’K’;
     putchar(o);
     putchar(k);
     putchar(‘\n’);
     putchar(‘* ’)
    }
```

执行结果为：

```
OK
*
```

（4）使用 putchar( ) 函数时，应注意以下几点：

①输出的数据只能是单个字符，不能是字符串。'abc'或" abc" 都是错误的。

②被输出的字符常量必须用单引号括起来，如：'\n'、'*'。不能用双引号，用双引号会导致错误。

③当输出项是表达式的时候，可以写成“a+'32'”等形式，不能写成“a\n”等形式。

能力大比拼，看谁做得又好又快

```
main()
{char ch,c1,c2;
 printf("请输入一个字母:");
 ch=getchar();
 c1=ch-1;
 c2=ch+1;
 printf("%c的前一个字母是:%c,",ch,c1);
```

```
    printf("后一个字母是:");
    putchar(c2);
    }
```

该程序功能是什么?

任务实施

```
include <stdio.h>
void main()                    /* 定义 main()函数* /
{
    float cscore,mscore,escore;              /* 定义三门功课* /
    float totalscore,avescore;         /* 定义总分、平均分* /
    printf("请输入这位学生的三门功课成绩:")
    scanf("% f,% f,% f",&cscore,&mscore,&escore);/* 从键盘输入三门成
绩* /
    totalscore = cscore + mscore + escore;        /* 计算总分* /
    avescore = totalscore/3;           /* 计算平均分* /
    printf ( " totalscore =% .2f, avescore =% .2f \n", totalscore,
avescore);       /* 输出结果* /
}
```

运行结果:

请输入这位学生的三门功课成绩:

```
78,90,89
totalscore =257.00,avescore =85.67
```

能力大比拼，看谁做得又好又快

编写程序，求任意两点之间的距离。

思路指导:

(1) 分析问题，定义变量;

(2) 输入两点的坐标值;

(3) 利用数学公式计算两点距离;

(4) 输出计算结果。

任务小结

你掌握了吗?

(1) 掌握输入/输出函数的使用方法。

(2) 掌握对单个字符进行输入/输出的程序设计。

(3) 能用输入/输出函数对数据进行正确的输入/输出。

任务评价

对本任务进行评价，填入表2－12。

表2－12　项目二/任务三的评价

检测项目	评分标准	分值	学生自评	小组评估	教师评估
任务知识内容	printf( ) 函数	能理解函数的功能和函数的使用方法	10		
	scanf( ) 函数	能理解函数的功能和函数的使用方法	10		
	字符输入/输出函数	能理解函数的功能和函数的使用方法	10		
任务操作技能	输入函数的运用	能根据要求写出相应的输入语句	35		
	输出函数的运用	能根据要求写出相应的输出语句	35		

项目三

程序流程控制

项目任务

从程序流程的角度来看，程序可以分为3种基本结构，即顺序结构、分支结构、循环结构。这3种基本结构可以组成各种复杂程序。C语言提供了多种语句来实现这些程序结构。

学习目标

☆ 了解程序的3种基本结构；
☆ 掌握顺序结构的用法；
☆ 掌握分支结构的用法；
☆ 掌握循环结构的用法。

任务一　顺序结构

任务要点

（1）理解什么是程序的结构；
（2）掌握顺序结构的用法。

导学实践，跟我学

【案例3-1】 输入三角形的三边长，求三角形面积。

思考：已知三角形的三边长a，b，c，则该三角形的面积公式为：

$$area = \sqrt{s(s-a)(s-b)(s-c)}$$

其中s=(a+b+c)/2。

源程序如下：

```
#include <math.h>
main()
{
 float a,b,c,s,area;
 scanf("%f,%f,%f",&a,&b,&c);
 s=1.0/2*(a+b+c);
 area=sqrt(s*(s-a)*(s-b)*(s-c));
```

```
    printf("a=%7.2f,b=%7.2f,c=%7.2f,s=%7.2f\n",a,b,c,s);
    printf("area=%7.2f\n",area);
}
```

示例解释

【案例3-1】 是求三角形的面积，将公式中出现的area、s、a、b、c定义为实型变量，使用scanf() 函数接收从键盘收到的三角形各边的长，计算出s，即周长的值，再按照公式计算面积，注意按照其运算的优先级适当地使用“（）”，输出时，使用了格式化的输出，“7.2f”指定了输出时的数值位数为7，小数位数为2。

小提示

（1）在顺序结构中，语句的执行按照其排列的顺序，执行完第一条语句后，自动执行第二条语句。

（2）每一条语句后都以分号结束。

任务二　分支结构

任务要点

掌握分支结构的用法。

导学实践，跟我学

【案例3-2】 输入a、b两个整数，比较大小后，输出较大的那个数。

思考：引入第三变量存放较大的那个数，即max变量。

解法一：

源程序如下：

```
main(){
    int a,b,max;
    printf("\n input two numbers:  ");
    scanf("%d%d",&a,&b);
    max=a;
    if(max<b)max=b;
    printf("max=%d",max);
}
```

示例解释

【案例 3－2】的解法一中，输入两个数 a，b。把 a 先赋予变量 max，再用 if 语句判别 max 和 b 的大小，如 max 小于 b，则把 b 赋予 max。因此 max 中总是大数，最后输出 max 的值。

小提示

（1）只有表达式的值为非零，即为真时，计算机才会执行相应的分支语句。

（2）在 if 语句中，条件判断表达式必须用圆括号“（）”括起来，在语句之后必须加分号。

解法二：

源程序如下：

```
main(){
     int a,b;
     printf("input two numbers:    ");
     scanf("%d%d",&a,&b);
     if(a>b)
       printf("max=%d\n",a);
     else
       printf("max=%d\n",b);
}
```

示例解释

【案例 3－2】的解法二中，改用 if－else 语句判别，直接比较 a，b 的大小，若 a 大，则输出 a，否则输出 b。

【案例 3－3】 判别键盘输入字符的类别。

思考：可以根据输入字符的 ASCII 码来判别类型。由 ASCII 码表可知 ASCII 值小于 32 的为控制字符。在“0”和“9”之间的为数字，在“A”和“Z”之间的为大写字母，在“a”和“z”之间为小写字母，其余则为其他字符。

源程序如下：

```
#include"stdio.h"
main(){
     char c;
     printf("input a character:    ");
     c=getchar();
```

```
    if(c<32)
        printf("This is a control character\n");
    else if(c>='0'&&c<='9')
        printf("This is a digit\n");
    else if(c>='A'&&c<='Z')
        printf("This is a capital letter\n");
    else if(c>='a'&&c<='z')
        printf("This is a small letter\n");
    else
        printf("This is an other character\n");
}
```

示例解释

【案例3-3】中，用if-else-if语句判别，先从键盘接受一个字符，判别其ASCII码值是否小于32，如果成立，则输出“This is a control character \n”，如果不成立，继续判别其ASCII码值是否在“0”和“9”之间，如果成立，则输出“This is a digit”，依此类推，直到所有if语句表达式均不成立，则输出“This is an other character”。这种结构即多分支结构。

小提示

（1）在if语句的3种形式中，所有的语句应为单个语句，如果想在满足条件时执行一组（多个）语句，则必须把这一组语句用“{}”括起来组成一个复合语句。要注意在“}”之后不能再加分号。

（2）在3种形式的if语句中，在if关键字之后均为表达式。该表达式通常是逻辑表达式或关系表达式，也可以是其他表达式，如赋值表达式等，甚至可以是一个变量。例如：

```
    if(a=5) 语句;
    if(b) 语句;
```

都是允许的。只要表达式的值为非0,即为“真”。

【案例3-4】输入一个1~7的数字,输出一个相应的星期的英文单词。

源程序如下：

```
main(){
    int a;
    printf("input integer number:        ");
    scanf("%d",&a);
    switch(a){
```

```
        case 1:printf("Monday\n");
        case 2:printf("Tuesday\n");
        case 3:printf("Wednesday\n");
        case 4:printf("Thursday\n");
        case 5:printf("Friday\n");
        case 6:printf("Saturday\n");
        case 7:printf("Sunday\n");
        default:printf("error\n");
         }
        }
```

示例解释

【案例3-4】要求输入一个数字，输出一个英文单词，但是当输入3之后，却执行了case3以及以后的所有语句，输出了Wednesday及以后的所有单词。这当然是人们不希望的。为什么会出现这种情况呢？这恰恰反映了switch语句的一个特点。在switch语句中，“case常量表达式”只相当于一个语句标号，表达式的值和某标号相等则转向该标号执行，但不能在执行完该标号的语句后自动跳出整个switch语句，所以出现了继续执行后面所有case语句的情况。这是与前面介绍的if语句完全不同的，应特别注意。为了避免上述情况，C语言还提供了一种break语句，专用于跳出switch语句。break语句只有关键字break，没有参数。在后面还将详细介绍。修改例题的程序，在每一case语句之后增加break语句，使每一次执行之后均可跳出switch语句，从而避免输出不应有的结果。

```
main(){
    int a;
    printf("input integer number:    ");
    scanf("%d",&a);
    switch(a){
      case 1:printf("Monday\n");break;
      case 2:printf("Tuesday\n");break;
      case 3:printf("Wednesday\n");break;
      case 4:printf("Thursday\n");break;
      case 5:printf("Friday\n");break;
      case 6:printf("Saturday\n");break;
      case 7:printf("Sunday\n");break;
      default:printf("error\n");
    }
}
```

小提示

（1）在 case 后的各常量表达式的值不能相同，否则会出现错误。

（2）在 case 后，允许有多个语句，可以不用“{}”括起来。

（3）各 case 和 default 子句的先后顺序可以变动，而不会影响程序的执行结果。

（4）default 子句可以省略不用。

【案例 3 – 5】 判别两数的大小。

解法一：

源程序如下：

```
main(){
    int a,b;
    printf("please input A,B:      ");
    scanf("%d%d",&a,&b);
    if(a!=b)
    if(a>b)  printf("A>B\n");
    else     printf("A<B\n");
    else     printf("A=B\n");
}
```

示例解释

本解法用了 if 语句的嵌套结构。采用嵌套结构实质上是为了进行多分支选择，实际上有 3 种选择，即 A > B、A < B 或 A = B。这种问题用 if – else – if 语句也可以完成，而且程序更加清晰。因此，在一般情况下较少使用 if 语句的嵌套结构，以使程序更便于阅读理解。

解法二：

源程序如下：

```
main(){
    int a,b;
    printf("please input A,B:       ");
    scanf("%d%d",&a,&b);
    if(a==b)printf("A=B\n");
    else if(a>b)  printf("A>B\n");
    else  printf("A<B\n");
}
```

背景知识

1. 单分支结构（if）

```
if  (表达式)语句
```

其语义是：如果表达式的值为真，则执行其后的语句，否则不执行该语句。其执行过程可表示为图3－1。

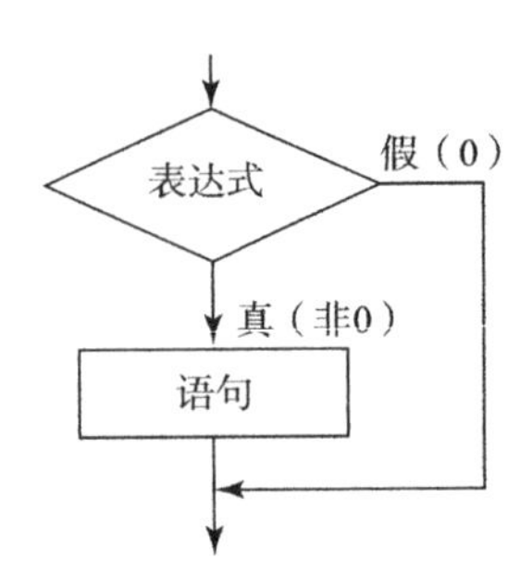

图3－1　单分支结构（if）

2. 双分支结构（if－else）

```
if(表达式)
    语句1;
else
    语句2;
```

其语义是：如果表达式的值为真，则执行语句1，否则执行语句2。其执行过程可表示为图3－2。

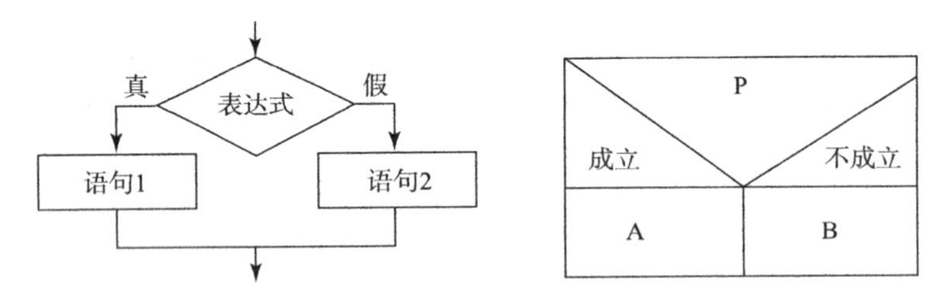

图3－2　双分支结构（if－else）

3. 多分支结构（if－else－if）

前两种形式的if语句一般都用于两个分支的情况。当有多个分支选择时，可采用if－else－if语句，其一般形式为：

```
if(表达式1)
语句1;
else  if(表达式2)
语句2;
else  if(表达式3)
```

```
语句 3;
…
else  if(表达式 m)
语句 m;
else
语句 n;
```

其语义是：依次判断表达式的值，当出现某个值为真时，则执行其对应的语句，然后跳到整个 if 语句之外继续执行程序。如果所有的表达式均为假，则执行语句 n，然后继续执行后续程序。if－else－if 语句的执行过程如图 3－3 所示。

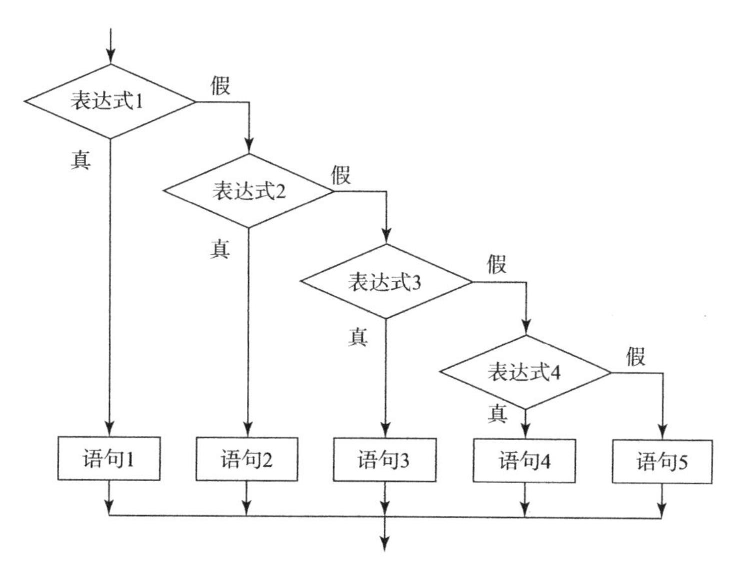

图 3－3　多分支结构（f－else－if）

4. 多分支结构（switch）

C 语言还提供了另一种用于多分支选择的 switch 语句，其一般形式为：

```
switch(表达式){
     case 常量表达式 1:  语句 1;
     case 常量表达式 2:  语句 2;
…
     case 常量表达式 n:  语句 n;
     default:语句 n+1;
     }
```

其语义是：计算表达式的值，并逐个与其后的常量表达式值比较，当表达式的值与某个常量表达式的值相等时，即执行其后的语句，然后不再进行判断，继续执行后面所有 case 后的语句。如表达式的值与所有 case 后的常量表达式均不相同，则执行 default 后的语句。

5. if 的嵌套

当 if 语句中的执行语句又是 if 语句时，则构成了 if 语句的嵌套。

其一般形式可表示如下：

```
if(表达式)
if 语句;
```

或者

```
if(表达式)
    if 语句;
else
    if 语句;
```

在嵌套内的 if 语句可能又是 if - else 型的，这将会出现多个 if 和多个 else 重叠的情况，这时要特别注意 if 和 else 的配对问题。

例如：

```
if(表达式 1)
if(表达式 2)
    语句 1;
    else
        语句 2;
```

其中的 else 究竟是与哪一个 if 配对呢？

应该理解为：

```
if(表达式 1)
        if(表达式 2)
            语句 1;
        else
            语句 2;
```

还是应理解为：

```
if(表达式 1)
      if(表达式 2)
            语句 1;
      else
            语句 2;
```

为了避免这种二义性，C 语言规定，else 总是与它前面最近的 if 配对，因此对上述例子应按前一种情况理解。

能力大比拼，看谁做得又好又快

输入 3 个整数，输出最大数和最小数。

参考程序如下：

```
main(){
     int a,b,c,max,min;
     printf("input three numbers:     ");
     scanf("%d%d%d",&a,&b,&c);
     if(a>b)
        {max=a;min=b;}
     else
        {max=b;min=a;}
     if(max<c)
        max=c;
     else
        if(min>c)
     min=c;
     printf("max=%d\nmin=%d",max,min);
}
```

任务三　循环结构

任务要点

（1）用 goto 语句和 if 语句构成循环；

（2）while 循环语句的用法；

（3）do－while 循环语句的用法；

（4）for 循环语句的用法。

导学实践，跟我学

【案例 3－6】 用 goto 语句和 if 语句构成循环，计算 $\sum_{n=1}^{100} n$。

源程序如下：

```
main()
{
      int i,sum=0;
      i=1;
loop:  if(i<=100)
        {sum=sum+i;
         i++;
         goto loop;}
```

```
        printf("%d\n",sum);
    }
```

示例解释

goto 语句是一种无条件转移语句，【案例 3-6】的执行过程是，设置两个变量 i 和 sum，其中 i 表示计数，初始值为 1；sum 表示求和，初始值为 0。设置语句标号 loop，判断 i 的值，如果小于 100，则加入到 sum 中，i 自增。这时，转到语句标号 loop 处继续执行，直到 i 大于 100 为止。

goto 语句通常不用，这主要是因为它将使程序层次不清，且不易读，但在多层嵌套退出时，用 goto 语句则比较合理。

【案例 3-7】 在讲解分支结构时提出的案例都只能解决一个成绩的情况。假如需要由键盘输入某门课程的 5 名学生的成绩，统计输出该 5 人的平均成绩，最简单的办法如下：

```
main(){
  int a,b,c,d,e;
  Float aver_score,sum_score;
  printf("请输入成绩:");
  scanf("%d",&a);
  printf("请输入成绩:");
  scanf("%d",&b);
  printf("请输入成绩:");
  scanf("%d",&c);
  printf("请输入成绩:");
  scanf("%d",&d);
  printf("请输入成绩:");
  scanf("%d",&e);
  sum_score=a+b+c+d+e;
  aver_score=sum_score/5;
  printf("学生平均成绩是%.2f\n",aver_score);
}
```

【案例 3-7】的结构非常简单易懂，但是书写起来却很烦琐同样的两句话重复了 5 次。有没有办法简化重复部分的操作？

思考：输入 5 人成绩时，可不可以同时将成绩累加直至输入结束，再求平均成绩？那么，整个过程需要几个变量？输入若干学生成绩的结束标志是什么？如何统计所有成绩之和，并求出平均成绩？

解法一：

```
#include"stdio.h"
```

```
main()
{
    float score,aver_score,sum_score=0;
    int i=1;
    while(i<=5)
    {
        printf("请输入学生成绩:\n");
        scanf("%f",&score);
        i++;
        sum_score=sum_score+score;
    }
    aver_score=sum_score/i;
    printf("平均成绩是:%.2f\n",aver_score);
}
```

示例解释

(1) 程序中定义了3个实型变量——score、sum_ score和aver_ score，分别用于存储成绩、总成绩和平均成绩；定义了一个整型变量count，用于存储学生总数。

(2) 赋值表达式"sum_ score = sum_ score + score"是实现累加的重要算法。

(3) while (score > =0) 循环的执行过程是：当输入的学生成绩大于0时，就进入成绩统计，直至输入的成绩<0结束循环。

小提示

(1) while后跟的一般是一个关系表达式，返回真或假，即1或0的值，当返回真值时继续执行以下循环体语句，当返回假值时，结束执行。

(2) 循环体内语句使用"{}"括起来，同样使用";"隔开。

解法二：

```
#include"stdio.h"
main()
{
    float score,aver_score,sum_score=0;
    int i;
    for(i=1;i<=5;i++)
    {
        printf("请输入学生成绩:\n");
        scanf("%f",&score);
```

```
            sum_score = sum_score + score;
        }
        aver_score = sum_score/i;
        printf("平均成绩是:%.2f\n",aver_score);
}
```

示例解释

这个解法完成的功能跟上个解法相同，使用 for 型的循环语句。这个结构是比较简洁和常用的循环结构，希望同学们能够认真掌握。

思考：如果输入成绩的人数不定怎么办？如何确认成绩已输入完毕？

解法：

源程序如下：

```
#include"stdio.h"
main()
{
      float score,aver_score,sum_score = 0;
      int count = 0;
      print("请输入学生成绩(输入负数结束):\n");
      scanf("%f",&score);
      while (score >=0)
            {
            count ++;
            sum_score = sum_score + score;
            scanf("%f",&score);
            }
      aver_score = sum_score/count;
      printf("学生平均成绩是%.2f\n",aver_score);
}
```

示例解释

本解法没有输入个数的限制，定义了一个 count 变量来计数，统计输入的成绩个数，以方便计算平均成绩，且定义当学生输入成绩为负数的时候结束成绩的输入。

背景知识

(1) while 语句的一般形式为：

```
while(表达式)
 {
 语句序列
 }
```

其中表达式是循环条件，语句为循环体。

while 语句的执行过程是：先计算表达式的值，如果值为真（非 0），则执行循环体语句，否则执行 while 循环的后继语句。所以在 while 循环中，循环体中的语句可能一次也不执行。

其执行过程可用图 3－4 表示。

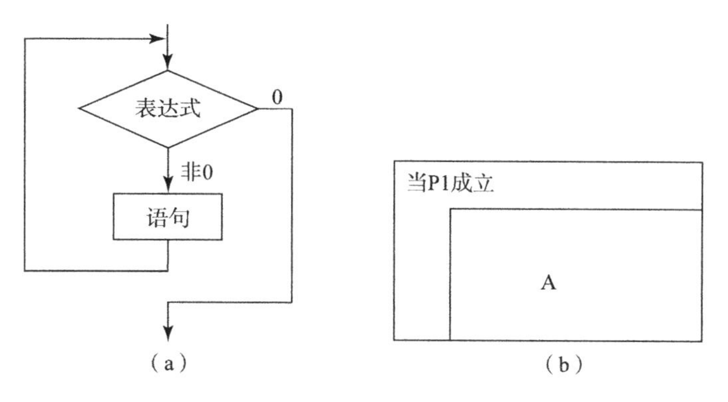

图 3－4　while 语句的执行过程

（a）普通流程图；（b）N－S 流程图

（2）do－while 语句的一般形式为：

```
do
   {
    语句序列
   }while(表达式);
```

这个循环与 while 循环的不同在于：它先执行循环体中的语句，然后再判断表达式是否为真，如果为真则继续循环，如果为假，则终止循环。因此，do－while 循环至少要执行一次循环体中的语句。其执行过程可用图 3－5 表示。

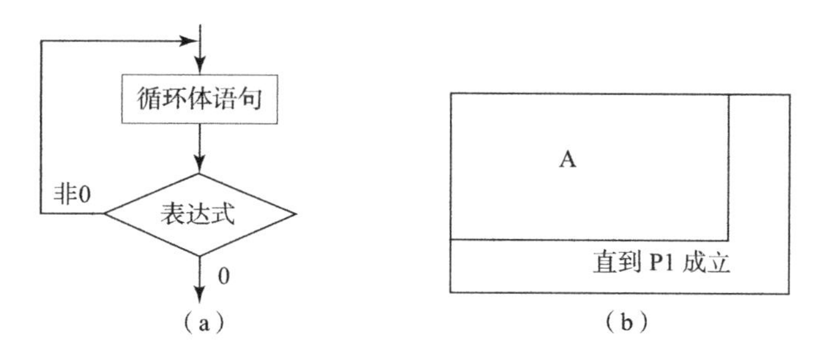

图 3－5　do－while 语句的执行过程

（a）普通流程图；（b）N－S 流程图

（3）在 C 语言中，for 语句最为灵活，它完全可以取代 while 语句。它的一般形式为：

```
for(初始化表达式1;测试表达式2;表达式3)
   {
   语句或者语句序列
   }
```

它的执行过程如下：

①求解表达式1，即进行变量的初始化。

②求解表达式2，即测试表达式的值。若其值为真（非0），则执行for语句中指定的内嵌语句，然后执行第（3）步；若其值为假（0），则结束循环，转到第（5）步。

③求解表达式3。

④转回第（2）步继续执行。

⑤循环结束，执行for语句下面的一个语句。

其执行过程可用图3-6表示。

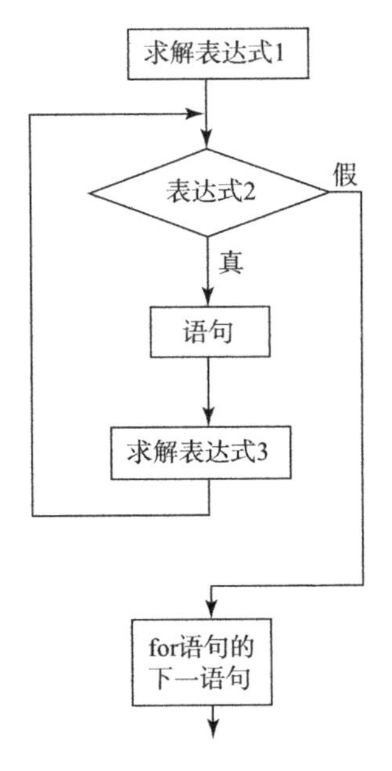

图3-6　for语句的执行过程

注意：

（1）for循环中的表达式1（循环变量赋初值）、表达式2（循环条件）和表达式3（循环变量增量）都是选择项，即可以缺省，但“;”不能缺省。

（2）省略了表达式1（循环变量赋初值），表示不对循环控制变量赋初值。

（3）省略了表达式2（循环条件），则不作其他处理时便成为死循环。

例如：

```
for(i=1;;i++)sum=sum+i;
```

相当于：

```
i=1;
```

```
while(1)
    {sum = sum + i;
     i++;}
```

（4）省略了表达式3（循环变量增量），则不对循环控制变量进行操作，这时可在语句体中加入修改循环控制变量的语句。

例如：

```
for(i=1;i<=100;)
    {sum = sum + i;
     i++;}
```

（5）可省略表达式1（循环变量赋初值）和表达式3（循环变量增量）。

例如：

```
for(;i<=100;)
{sum = sum + i;
i++;}
```

相当于：

```
while(i<=100)
      {sum = sum + i;
       i++;}
```

（6）3个表达式都可以省略。

例如："for（;;）"语句相当于"while（1）"语句。

（7）表达式1可以是设置循环变量的初值的赋值表达式，也可以是其他表达式。

例如：

```
for(sum=0;i<=100;i++)sum = sum + i;
```

（8）表达式1和表达式3可以是一个简单表达式，也可以是逗号表达式。

例如：

```
for(sum=0,i=1;i<=100;i++)sum = sum + i;
```

或

```
for(i=0,j=100;i<=100;i++,j--)k=i+j;
```

（9）表达式2一般是关系表达式或逻辑表达式，也可以是数值表达式或字符表达式，只要其值非零，就执行循环体。

例如：

```
for(i=0;(c=getchar())!='\n';i+=c);
```

又如：

```
for(;(c=getchar())!='\n';)
    printf("%c",c);
```

项目四

数组与字符串

项目任务

在程序设计中，为了处理方便，把相同类型的若干变量按有序的形式组织起来，这些按序排列的同类数据元素的集合称为数组。在C语言中，数组属于构造数据类型。一个数组可以分解为多个数组元素，这些数组元素可以是基本数据类型或构造类型。因此按数组元素的类型，数组又可分为数值数组、字符数组、指针数组、结构数组等各种类别。

学习目标

☆ 理解为什么要使用数组；
☆ 理解C语言中的数组；
☆ 熟练掌握一维数组的用法；
☆ 掌握二维数组的用法；
☆ 熟悉用数组实现常用算法的方法。

任务一　初识一维数组

任务要点

（1）理解应该在什么情况下使用数组。
（2）掌握一维数组的定义和使用方法。

导学实践，跟我学

【案例4-1】 一个班有50个学生，每个学生都有计算机课程的考试成绩，求该班学生计算机课程的平均成绩。

思考：是定义1个变量来表示成绩，还是定义50个变量来表示成绩？

解法一：求平均成绩（不用数组）。

```
#include <stdio.h>
#define N 50
void main()
```

```
{
 int i;
 double grade,average=0;
 for(i=1;i<=N;i++)
 {
       scanf("%lf",&grade);
       average=average+grade;
 }
 average=average/N;
 printf("平均成绩是:%.2f\n",average);
 }
```

说明：本解法中使用1个变量来记录成绩，故程序运行之后，变量grade中只保留了最后一位学生的成绩，输入的50个数据不能进行再次使用。

解法二：求平均成绩（使用数组）。

说明：由于每位学生的成绩都是同一类型的数据，可以定义一个数组来表示各位同学的成绩，如“double grade［50］”。

```
#include <stdio.h>
void main()
{
 int i;
doublegrade[50];
double average=0;
 for(i=0;i<=49;i++)
 {
       scanf("%lf",&grade[i]);
       average=average+grade[i];
 }
 average=average/50;
 printf("平均成绩是:%.2f\n",average);
}
```

本解法中使用“double grade［50］”定义了50个变量，在for语句循环中输入成绩50次，分别记录在50个变量中，实现了输入数据的再次使用。

小提示

在数组声明时方括号中常量表达式表示数组元素的个数，如grade［50］表示数组grade有50个元素。但是在使用数组时其下标从0开始计算，到49结束。

Turbo C 系统对数组下标越界不报错，但不要越界。

例如："int a [5];" 表示数组 a 有 a [0]、a [1]、a [2]、a [3]、a [4] 5 个元素。它们被分配在连续的内存空间，其中低字节空间由 a [0] 占据。

示例解释

【案例 4－1】 说明在数据量增大时，算法即使再简单，若数据组织不当，程序也难以书写。数组就是一种适合处理大量数据的数据结构（即数据之间的组织）。【案例 4－2】也说明了这一点。

【案例 4－2】 任意读入 5 个整数，然后逆序输出它们。

```
main()
{int a,b,c,d,e;
 scanf("%d%d%d%d%d",&a,&b,&c,&d,&e);
 printf("%d,%d,%d,%d,%d\n",e,d,c,b,a);
}
```

使用数组改写上例：

```
#define N 5
main()
{int a[N],k;
 for(k=0;k<=N-1;k++)
   scanf("%d",&a[k]);
 for(k=N-1;k>=0;k--)
   printf("%d\n",a[k]);
}
```

示例解释

改写程序中第一个 for 语句逐个输入 5 个数到数组 a 中。在第二个 for 语句中，使用下标从大到小的顺序将数组输出，以达到逆序的目的。使用定义常量 N 的方法，可以方便地更改数组的长度。

数组是可以在内存中连续存储多个元素的结构。

数组中的所有元素必须属于相同的数据类型。

背景知识

1. 一维数组的定义

在 C 语言中使用数组必须先进行定义。

一维数组的定义方式为：

```
类型说明符 数组名[常量表达式];
```

其中：类型说明符是任一种基本数据类型或构造数据类型。数组名是用户定义的数组标识符。方括号中的常量表达式表示数据元素的个数，也称为数组的长度。

例如：

```
int student[10];            说明整型数组 student,有 10 个元素。
float score[20];            说明实型数组 score,有 20 个元素。
char ch[20];                说明字符数组 ch,有 20 个元素。
```

对于数组类型说明应注意以下几点：

（1）数组的类型实际上是指数组元素的取值类型。对于同一个数组，其所有元素的数据类型都是相同的。

（2）数组名的书写规则应符合标识符的书写规定。

（3）数组名不能与其他变量名相同。

例如：

```
main()
    {
     int a;
     float a[10];
…
    }
```

是错误的。

（4）不能在方括号中用变量来表示元素的个数，但是可以使用符号常数或常量表达式。

例如：

```
#define FD 5
   main()
   {
    int a[3+2],b[7+FD];
…
   }
```

是合法的。但是下述说明方式是错误的。

```
main ()
    {
     int n=5;
     int a[n];
…
     }
```

（5）允许在同一个类型说明中说明多个数组和多个变量。

例如：

```
int a,b,c,d,k1[10],k2[20];
```

2. 一维数组元素的引用

数组元素是组成数组的基本单元。数组元素也是一种变量，其标识方法为数组名后跟一个下标。下标表示了元素在数组中的顺序号。

数组元素的一般形式为：

```
数组名[下标]
```

其中下标只能为整型常量或整型表达式。如果下标为小数时，C 语言在编译时将自动取整。

例如：a [5]、a [i+j]、a [i++] 都是合法的数组元素。

数组元素通常也称为下标变量。必须先定义数组，才能使用下标变量。

数组必须先定义，后使用。C 语言规定：只能逐个引用数组元素，而不能一次引用整个数组。

例如：输出有 10 个元素的数组必须使用循环语句逐个输出各下标变量：

```
for(i=0;i<10;i ++)
        printf("%d",a[i]);
```

而不能用一个语句输出整个数组。

下面的写法是错误的：

```
printf("%d",a);
```

3. 一维数组的初始化

给数组赋值的方法除了用赋值语句对数组元素逐个赋值外，还可采用初始化赋值和动态赋值的方法。

数组初始化赋值是指在数组定义时给数组元素赋予初值。数组初始化是在编译阶段进行的。这样可减少运行时间，提高效率。

初始化赋值的一般形式为：

```
类型说明符 数组名[常量表达式]={值,值……,值};
```

其中在“{}”中的各数据值即各元素的初值，各值之间用逗号间隔。例如：“int a [10] ={0, 1, 2, 3, 4, 5, 6, 7, 8, 9};”相当于“a [0] =0; a [1] =1...a [9] =9;”。

C 语言对数组的初始化赋值还有以下几点规定：

(1) 可以只给部分元素赋初值。

当“ {}”中值的个数少于元素个数时，只给前面部分元素赋值。

例如：

```
int a[10]={0,1,2,3,4};
```

表示只给 a [0] ~a [4] 5 个元素赋值，而后 5 个元素自动赋 0 值。

(2) 只能给元素逐个赋值，不能给数组整体赋值。

例如：给 10 个元素全部赋 1 值，只能写为：

```
int a[10]={1,1,1,1,1,1,1,1,1,1};
```

而不能写为：

```
int a[10]=1;
```

（3）如给全部元素赋值，则在数组说明中可以不给出数组元素的个数。

例如：

```
int a[5]={1,2,3,4,5};
```

可写为：

```
int a[]={1,2,3,4,5};
```

（4）获得有规律的值：在循环中用赋值语句完成赋值。

a[0]	a[1]	a[2]	a[3]	a[4]
1	3	5	7	9

```
int a[5],k;
for(k=0;k<5;k++)
   a[k]=2*k+1;
```

获得无规律的值：在循环中用 scanf 输出语句完成赋值。

```
int a[5],k;
for(k=0;k<5;k++)
     scanf("%d",&a[k]);
```

能力大比拼，看谁做得又好又快

输入一个班级 50 个学生的某门课成绩，求这门课程在班级中的最高分、最低分和平均分。

```
main()
{
  int i;
  double max,min,avg,sum,grade[50];
  printf("输入50个学生的成绩:\n");
  for(i=0;i<50;i++)
     scanf("%lf",&grade[i]);
  max=grade[0];
  min=grade[0];
  sum=grade[0];
  for(i=1;i<50;i++)
     { if(grade[i]>max)max=grade[i];
       if(grade[i]<min)min=grade[i];
       sum=sum+grade[i];
     }
```

```
        avg = sum/50;
      printf("50 个学生中最高分为% d,最低分为% d,平均分为% d \n",max,min,
avg);
    }
```

任务二　二维数组的使用

任务要点

（1）掌握二维数组的定义和使用方法；

（2）掌握数组的使用方法。

导学实践，跟我学

【案例 4－3】 一个班有 50 个学生，每个学生都有 3 门课程（计算机、英语、数学）的考试成绩，求每个学生平均成绩和这个班级 3 门课程的平均成绩。

思考：如何确定 3 个成绩是同一个学生的，也就是如何确定 3 个变量是一组的？

让 3 个变量有同一个大的名字，各自有小的名字，在一维数组的基础上，使用两个下标来记录变量，一组数据可以是第一个下标相同而第二个下标不同，例如学号为 1 的学生可以用 grade[1][1]、grade[1][2]、grade[1][3] 三个数组元素来表示，而同一门课程可以用第二个下标来确定，如英语成绩就是所有第二个标为 [2] 的元素。

小提示

因为下标比实际的元素顺序少一，如学号为 1 的学生应该是第 0 个，在视觉上不是很直观，故在数组的声明时多声明一个，第一个元素空下来不用，如“double grade[51][4]”，而在使用数组时最大下标则为 grade[50][3]，那么学号为 20 的学生的第 2 门课程就放在 grade[20][2] 中，学号为 30 的学生的第 3 门课程就放在 grade[30][3] 中。

解法如下：

```
#include <stdio.h>
void main()
{
 int i;
double grade[51][4];
double average1 =0,average2 =0,average3 =0,average =0,sum;
 for(i =1;i <=50;i++)                                  //输入成绩
```

```
    { printf("请按顺序输入学号为% d的学生的3门课成绩(计算机、英语、数学):\
        n",i);
        for(j=1;j<=3;j++)
            scanf("%lf",&grade[i][j]);
    }

    /* 以下为每个学生3门课平均成绩的计算过程*/
    for(i=1;i<=50;i++)
    {   sum=0;
        for(j=1;j<=3;j++)
        {
         sum=sum+grade[i][j];
        }
        average=sum/3;
        printf("学号为%d的学生平均成绩为%.2f\n",i,average);
    }

    /* 以下为计算机课程平均成绩的计算过程,英语和数学课程平均成绩的计算由读者
自己完成*/
        sum=0;
        for(i=1;i<=50;i++)
        {
            sum=sum+grade[i][1];
        }
        average1=sum/50;
        printf("本班计算机课程的平均成绩为%.2f\n",average1);
    }
```

示例解释

程序中首先用了一个双重循环。在内循环中依次读入每一个学生的3门课成绩，在循环中改变二维数组的第一个下标，把50个学生遍历完，外循环共循环50次。在计算某一门课程的平均成绩时，固定第二个下标，使用循环使第一个下标从1到50遍历全部学生，求和并计算出这门课程的平均成绩。

根据问题的需要，对每组数据中的每一个数据元素进行相应的处理，处理时的访问方式为“grade[i][j]”，即数组grade中行下标为i、列下标为j的位置处的数组元素。当第一个下标固定时为每个学生的3门课程的横向比较，当第二个下标固定时为同一门课程的纵向比较。

背景知识

1. 二维数组的定义

前面介绍的数组只有一个下标，称为一维数组，其数组元素也称为单下标变量。在实际问题中有很多量是二维的或多维的，因此C语言允许构造多维数组。多维数组元素有多个下标，以标识它在数组中的位置，所以也称为多下标变量。

二维数组定义的一般形式是：

```
类型说明符 数组名[常量表达式1][常量表达式2]
```

其中常量表达式1表示第一维下标的长度，常量表达式2表示第二维下标的长度。

例如：

```
int a[3][4];
```

说明了一个3行4列的数组，数组名为a，其下标变量的类型为整型。该数组的下标变量共有3×4个，即：

```
a[0][0],a[0][1],a[0][2],a[0][3]
a[1][0],a[1][1],a[1][2],a[1][3]
a[2][0],a[2][1],a[2][2],a[2][3]
```

二维数组在概念上是二维的，即其下标在两个方向上变化，下标变量在数组中的位置也处于一个平面之中，而不是像一维数组只是一个向量。但是，实际的硬件存储器是连续编址的，也就是说存储器单元是按一维线性排列的。在一维存储器中存放二维数组有两种方式：一种是按行排列，即放完一行之后顺次放入第二行；另一种是按列排列，即放完一列之后再顺次放入第二列。在C语言中，二维数组是按行排列的，即先存放a[0]行，再存放a[1]行，最后存放a[2]行。每行中有4个元素，也是依次存放。由于数组a说明为int类型，该类型占2个字节的内存空间，所以每个元素均占两个字节的空间。

2. 二维数组元素的引用

二维数组的元素也称为双下标变量，其表示的形式为：

```
数组名[下标][下标]
```

其中下标应为整型常量或整型表达式。

例如：

```
a[3][4]
```

表示a数组3行4列的元素。

3. 二维数组的初始化

二维数组的初始化也是在类型说明时给各下标变量赋初值。二维数组可按行分段赋值，也可按行连续赋值。

例如对数组a[5][3]：

（1）按行分段赋值可写为：

```
int a[5][3] ={{80,75,92},{61,65,71},{59,63,70},{85,87,90},{76,77,
85}};
```

（2）按行连续赋值可写为：

```
int a[5][3] ={80,75,92,61,65,71,59,63,70,85,87,90,76,77,85};
```

这两种赋初值的结果是完全相同的。

对于二维数组初始化赋值还有以下说明：

（1）可以只对部分元素赋初值，未赋初值的元素自动取0值。

例如：

```
int a[3][3] ={{1},{2},{3}};
```

是对每一行的第一列元素赋值，未赋值的元素取0值。赋值后各元素的值为：

```
1 0 0
2 0 0
3 0 0
int a[3][3] ={{0,1},{0,0,2},{3}};
```

赋值后的元素值为：

```
0 1 0
0 0 2
3 0 0
```

（2）如对全部元素赋初值，则第一维的长度可以不给出。

例如：

```
int a[3][3] ={1,2,3,4,5,6,7,8,9};
```

可以写为：

```
int a[ ][3] ={1,2,3,4,5,6,7,8,9};
```

（3）数组是一种构造类型的数据。二维数组可以看作由一维数组的嵌套构成的。设一维数组的每个元素又是一个数组，这就组成了二维数组。当然，前提是各元素类型必须相同。根据这样的分析，一个二维数组也可以分解为多个一维数组。C 语言允许这种分解。

例如二维数组 a[3][4] 可分解为 3 个一维数组，其数组名分别为：a[0]、a[1]、a[2]。

对这 3 个一维数组不需另作说明即可使用。这 3 个一维数组都有 4 个元素，例如：一维数组 a[0] 的元素为 a[0][0]、a[0][1]、a[0][2]、a[0][3]。

必须强调的是，a[0]、a[1]、a[2] 不能当作下标变量使用，它们是数组名，不是一个单纯的下标变量。

任务三　字符数组、字符串

任务要点

（1）掌握字符数组的声明、初始化方法；
（2）能够正确访问数组元素；
（3）学习使用数组解决实际问题。

导学实践，跟我学

【案例 4－4】 从键盘上输入一行字符，统计其中有多少个单词，单词之间用空格分隔开：

```
This is a good idea
```

分析：统计单词的个数时可发现，空格之后为一个新单词，故要判断当前字符是不是空格，如果是空格则未出现新的单词，单词的个数不用加 1，如果是空格，则要判断前一个字符是不是空格，如果是空格，则出现新的单词，单词个数加 1，如果前一个也不是空格，则还在上一个单词中，没有出现新单词，单词个数不加 1。

解法如下：

```
#include "stdio.h"
#include "string.h"
main()
{
    char s[81];
    int i,num=0,word=0;
    gets(s);
    for(i=0;i<strlen(s);i++)
    {
        if(' '==s[i])word=0;
        else if(0==word)
        {
            word=1;
            num++;
        }
    }
    printf("num=%d",num);
}
```

示例解释

本程序中使用了字符串处理函数 gets ( )、strlen ( )，故在文件开始加入“#include "string. h"”，以使字符串处理函数可以使用。

在程序中使用 num 来记录单词个数，用 word 来记录前一个字符是否为空格，在循环体中，先判断当前字符是不是空格，如果是空格，将 word 值改为 0，如果当前字符不是空格，看 word 的值是不是 0，也就是判断前一个字符是不是空格，如果是 0，说明前一个字符是空格，则单词个数增加 1。

背景知识

1. 字符数组

(1) 定义：数组中每个元素的数据类型都是字符型的数组称为字符数组。字符数组的引用、存储、初始化的方法和数组相同，不同的是存储的内容数据类型为字符型。

(2) 字符型数组的定义

“char c [10];” 定义了字符型数组 c，它的数组元素有 10 个。

(3) 字符型数组的初始化

```
char c[3]={'a','b','c'};
```

注意：如果花括号提供的数组元素个数大于数组长度，则作语法错误处理，如果初值个数小于数组长度，则只将这些字符赋给前面的元素，其余的元素自动定为空字符（“\0”）字符串结束标志。

例如：“char c[5] = {'a', 'b', 'c'};” 对应的数组结构如下：

a	b	c	\0	\0

2. 字符串

1) 字符串的定义

单个字符的现实意义并不大，在现实中，人们所面对的更多的是由多个字符组成的单词、句子、名称等。这些由多个字符组成的数据类型，称为字符串。

```
I  have  a  dream
```

上面 4 个单词可分别看作 4 个字符串：“I” “have” “a” “dream”，也可以将整个句子看作一个串：“I have a dream”。

在程序里面，更多的是对字符串进行处理，而非仅处理单个字符。

在 C 语言中没有专门的字符串变量，通常用一个字符数组来存放一个字符串。字符串总是以“\0”作为串的结束符，因此当把一个字符串存入一个数组时，也把结束符“\0”存入数组，并以此作为该字符串结束的标志。有了“\0”标志后，就不必再用字符数组的长度来判断字符串的长度了。

C 语言允许用字符串的方式对数组作初始化赋值。

例如：

```
char c[]={'C',' ','p','r','o','g','r','a','m'};
```

可写为：

```
char c[] = {"C program"};
```

或去掉“{}”写为：

```
char c[] = "C program";
```

用字符串方式赋值比用字符逐个赋值要多占一个字节，用于存放字符串结束标志“\0”。上面的数组c在内存中的实际存放情况为：

C		p	r	o	g	r	a	m	\0

“\0”是由C语言编译系统自动加上的。由于采用了“\0”标志，所以在用字符串赋初值时一般无须指定数组的长度，而由系统自行处理。

2）字符串的输入/输出

通常使用printf()函数和scanf()函数来进行数据的输出和输入，可以一次性输出/输入一个字符数组中的字符串，而不必使用循环语句逐个输入/输出每个字符。

```
main()
{
 char c[] = "BASIC\ndBASE";
 printf("%s\n",c);
}
```

小提示

注意在示例的printf()函数中，使用的格式字符串为"%s"，表示输出的是一个字符串，而在输出表列中给出数组名即可。不能写为：

```
printf("%s",c[]);
```

3）字符串处理函数

C语言提供了丰富的字符串处理函数，大致可分为字符串的输入、输出、合并、修改、比较、转换、复制、搜索几类。使用这些函数可大大减轻编程的负担。如果程序中使用了字符串处理函数中的输入/输出函数，在使用前只要包含头文件“stdio.h”就可以了，但如果使用其他字符串处理函数则要包含头文件“string.h”。

（1）字符串输出函数puts()

格式：puts(字符数组名)

功能：把字符数组中的字符串输出到显示器，即在屏幕上显示该字符串。

（2）字符串输入函数gets()

格式：gets(字符数组名)

功能：从标准输入设备（键盘）上输入一个字符串。

本函数得到一个函数值，即该字符数组的首地址。

（3）字符串连接函数strcat()

格式：strcat(字符数组名1，字符数组名2)

功能：把字符数组2中的字符串连接到字符数组1中字符串的后面，并删去字符串1中的串标志'\0'。本函数的返回值是字符数组1的首地址。

(4) 字符串拷贝函数strcpy()

格式：strcpy(字符数组名1，字符数组名2)

功能：把字符数组2中的字符串拷贝到字符数组1中。串结束标志“\0”也一同拷贝。字符数组名2也可以是一个字符串常量。这时相当于把一个字符串赋予一个字符数组。

(5) 字符串比较函数strcmp()

格式：strcmp(字符数组名1，字符数组名2)

功能：按照ASCII码的顺序比较两个数组中的字符串，并由函数返回值返回比较结果。

字符串1=字符串2，返回值=0；

字符串2>字符串2，返回值>0；

字符串1<字符串2，返回值<0。

本函数也可用于比较两个字符串常量，或比较数组和字符串常量。

(6) 测字符串长度函数strlen()

格式：strlen(字符数组名)

功能：测字符串的实际长度(不含字符串结束标志“\0”)并将之作为函数返回值。

能力大比拼，看谁做得又好又快

有一篇文章，共有3行文字，每行有80个字符，统计这篇文章中英文字母的个数。

提示：可以定义一个长度为26的整型数组num，分别记录26个英文字母的个数，比如读入的字母为“a”，则num[0]++，读入的字母为“b”，则num[1]++，依此类推。

解法如下：

```
#include <stdio.h>
void main()
 {
     char str[3][80],c;
     int cnt[26],i,j;
     for(i=0;i<26;i++)
            cnt[i]=0;
     for(i=0;i<3;i++)
     {
          printf("请输入第%d行字符\n",i+1);
          gets(str[i]);//注意字符数组的写法
     }
```

```
    for(i=0;i<3;i++)
        for(j=0;str[i][j]!='\0';j++)
        {
            c=str[i][j];
            if(c>='a' && c<='z')
                cnt[c-'a']++;
            else if(c>='A' && c<='Z')
                cnt[c-'A']++;
        }
    for(i=0;i<26;i++)
        printf("%c:%d\n",'A'+i,cnt[i]);
    printf("\n谢谢,按回车键结束");
}
```

项目五

函　　数

项目任务

C 语言源程序是由函数组成的。虽然在前面各项目的程序中都只有一个主函数 main()，但实际程序往往由多个函数组成。函数是 C 语言源程序的基本模块，通过对函数模块的调用实现特定的功能。C 语言中的函数相当于其他高级语言的子程序。C 语言不仅提供了极为丰富的库函数（Turbo C，MS C 都提供了 300 多个库函数），还允许用户建立自己定义的函数。用户可把自己的算法编成一个个相对独立的函数模块，然后用调用的方法来使用函数。可以说 C 语言程序的全部工作都是由各式各样的函数完成的，所以 C 语言也被称为函数式语言。由于采用了函数模块式的结构，C 语言易于实现结构化程序设计，使程序的层次清晰，便于程序的编写、阅读、调试。

学习目标

☆ 函数的定义；
☆ 函数的嵌套调用；
☆ 函数的递归调用；
☆ 局部变量和全局变量、变量的存储类别；
☆ 内部函数和外部函数。

任务一　函数的定义

任务要点

（1）理解函数定义的方法；
（2）掌握函数定义的一般形式。

导学实践，跟我学

【案例 5－1】 定义一个函数，输出一行文字“Hello world”。
思考： 回想之前见过的函数是什么格式。
解法： 对之前用过函数名作更改，然后再使用库函数 printf() 输出文字。

```
void Hello()
 {
      printf("Hello world \n");
 }
```

说明：这里只把 main 改为 Hello 作为函数名，其余不变。Hello（）函数是一个无参函数，当被其他函数调用时，输出“Hello world”字符串。

【案例 5 -2】 定义一个函数，用于求两个数中的大数。

思考：怎么比较两个数？比较的结果怎么返回？

解法：既然是比较两个数的大小，应该定义两个数字变量，还需要定义返回结果的数据类型。

```
int max(int a,int b)
 {
  if (a >b)return a;
     else return b;
 }
```

说明：此函数为有参函数，a，b 为函数的形参，函数名前的数据类型限定符为函数的返回类型。

示例解释

【案例 5 -2】第一行说明 max() 函数是一个整型函数，其返回的函数值是一个整数。其形参为 a，b，均为整型量。a，b 的具体值是由主调函数在调用时传送过来的。在“{}”中的函数体内，除形参外没有使用其他变量，因此只有语句而没有声明部分。max() 函数体中的 return 语句是把 a（或 b）的值作为函数的值返回给主调函数。有返回值的函数中至少应有一个 return 语句。

有参函数比无参函数多了一个内容，即形式参数表列。在形式参数表列中给出的参数称为形式参数，它们可以是各种类型的变量，各参数之间用逗号间隔。在进行函数调用时，主调函数将赋予这些形式参数实际的值。形参既然是变量，必须在形式参数表列中给出形参的类型说明。

【案例 5 -3】 添加 main() 函数，把 max( ) 函数置于 main() 函数之前。修改后的程序如下：

```
     int max(int a,int b)
 {
     if(a >b)return a;
     else return b;
 }
```

```
main()
{
      int max(int a,int b);
      int x,y,z;
      printf("input two numbers:\n");
      scanf("%d%d",&x,&y);
      z=max(x,y);
          printf("maxmum=%d",z);
      }
```

说明：本程序的执行过程是，首先在屏幕上显示提示串，请用户输入两个数，按回车键后由 scanf( ) 函数语句接收这两个数送入变量 x，y 中，然后调用 max( ) 函数，并把 x，y 的值传送给 max( ) 函数的参数 a，b。在 max( ) 函数中比较 a，b 的大小，把大者返回给主函数的变量 z，最后在屏幕上输出 z 的值。

小提示

在 C 语言程序中，一个函数的定义可以放在任意位置，既可放在主函数 main( ) 之前，也可放在 main( ) 之后。一般来说，比较好的程序书写顺序是，先声明函数，然后写主函数，然后再写那些自定义的函数。

示例解释

现在可以从函数定义、函数说明及函数调用的角度来分析整个程序，从中进一步了解函数的各种特点。

程序的第 1 行 ~ 第 5 行为 max( ) 函数定义。进入主函数后，因为准备调用 max( ) 函数，故先对 max( ) 函数进行说明（程序第 8 行）。函数定义和函数说明并不是一回事，在后面还要专门讨论。可以看出函数说明与函数定义中的函数头部分相同，但是末尾要加分号。程序第 12 行为调用 max( ) 函数，并把 x，y 中的值传送给 max( ) 函数的形参 a，b。使用 return 将 max( ) 函数执行的结果（a 或 b）返回给变量 z。最后由主函数输出 z 的值，return 语句的意思就是返回一个值。

背景知识

一、库函数

库函数由 C 语言系统提供，用户无须定义，也不必在程序中作类型说明，只需在程序前包含该函数原型的头文件即可在程序中直接调用。在前面各项目的案例中反复用到的 printf( )、scanf( )、getchar( )、putchar( )、gets( )、puts( )、strcat( ) 等函数均属此类。

二、用户定义函数

无参函数的一般形式：

```
类型说明符 函数名()
{
类型说明
语句
}
```

一个函数包括函数头和语句体两部分。

函数头由下列 3 部分组成：

(1) 函数返回值类型；

(2) 函数名；

(3) 参数表。

一个完整的函数应该是这样的：

```
函数返回值类型 函数名(参数表)
{
语句体;
}
```

函数返回值类型可以是前面说到的某个数据类型，或者是某个数据类型的指针、指向结构的指针、指向数组的指针。指针的概念后面介绍。

函数名在程序中必须是唯一的，它也遵循标识符命名规则。

参数表可以没有，也可以有多个，在函数调用的时候，实际参数将被拷贝到这些变量中。语句体包括局部变量的声明和可执行代码。

在前面其实已经接触过函数了，如 abs()、sqrt()，但并不知道它们的内部是什么，只要会使用它们即可。

三、函数的参数

函数的参数分为形参和实参两种。形参出现在函数定义中，在整个函数体内都可以使用，离开该函数则不能使用。实参出现在主调函数中，进入被调函数后，实参变量也不能使用。形参和实参的功能是作数据传送。发生函数调用时，主调函数把实参的值传送给被调函数的形参，从而实现主调函数向被调函数的数据传送。

函数的形参和实参具有以下特点：

(1) 形参变量只有在被调用时才分配内存单元，在调用结束时，即刻释放所分配的内存单元。因此，形参只有在函数内部有效。函数调用结束返回主调函数后则不能再使用该形参变量。

(2) 实参可以是常量、变量、表达式、函数等，无论实参是何种类型的量，在进行函数调用时，它们都必须具有确定的值，以便把这些值传送给形参。因此应预先用赋值、输入等办法使实参获得确定值。

（3）实参和形参在数量上、类型上、顺序上应严格一致，否则会发生“类型不匹配”的错误。

（4）函数调用中发生的数据传送是单向的，即只能把实参的值传送给形参，而不能把形参的值反向传送给实参。因此在函数调用过程中，形参的值发生改变，而实参中的值不会变化。

四、函数的返回值

函数的值是指函数被调用之后，执行函数体中的程序段所取得的并返回给主调函数的值，如调用正弦函数取得正弦值，调用【案例 5-2】中的 max( ) 函数取得最大数的值等。对函数的值（或称函数返回值）有以下说明：

（1）函数的值只能通过 return 语句返回主调函数。

return 语句的一般形式为：

```
return 表达式;
```

或者

```
return(表达式);
```

该语句的功能是计算表达式的值，并返回给主调函数。在函数中允许有多个 return 语句，但每次调用只能有一个 return 语句被执行，因此只能返回一个函数值。

（2）函数值的类型和函数定义中函数的类型应保持一致。如果两者不一致，则以函数类型为准，自动进行类型转换。

（3）如函数值为整型，在函数定义时可以省去类型说明。

（4）不返回函数值的函数，可以明确定义为“空类型”，类型说明符为“void”。一旦函数被定义为空类型，就不能在主调函数中使用被调函数的函数值了。

为了使程序有良好的可读性并减少错误，凡不要求返回值的函数都应定义为空类型。

任务小结

你掌握了吗？

（1）函数定义的一般方法；

（2）函数的参数；

（3）函数的返回值。

任务二　函数的递归调用与嵌套调用

任务要点

（1）掌握函数递归调用的形式；

（2）掌握函数嵌套调用的形式。

导学实践，跟我学

【案例 5-4】 用递归法计算 n!。

思考：n! 可用下述公式表示：n!=1 （n=0，1），n!=n×(n-1)! （n>1）。

解法如下：

```
long ff(int n)
{
long f;
if(n<0)printf("n<0,input error");
else if(n==0||n==1)f=1;
else f=ff(n-1)* n;
return(f);
}
main()
{
int n;
long y;
printf("\ninput a inteager number:\n");
scanf("%d",&n);
y=ff(n);
printf("%d!=%ld",n,y);
}
```

示例解释

程序中给出的函数 ff() 是一个递归函数。主函数调用 ff() 后即进入函数 ff() 执行，在 n<0，n==0 或 n=1 时都将结束函数的执行，否则就递归调用 ff() 函数自身。由于每次递归调用的实参为 n-1，即把 n-1 的值赋予形参 n，最后当 n-1 的值为 1 时再作递归调用，形参 n 的值也为 1，将使递归终止。然后可逐层退回。下面再举例说明该过程。设执行本程序时输入 5，即求 5!。在主函数中的调用语句即“y=ff(5)”，进入 ff() 函数后，由于 n=5，不等于 0 或 1，故应执行“f=ff(n-1) *n”，即“f=ff(5-1) *5”。该语句对 ff() 作递归调用即“ff (4)”。进行 4 次递归调用后，ff() 函数形参取得的值变为 1，故不再继续递归调用而开始逐层返回主调函数。ff(1) 的返回值为 1，ff(2) 的返回值为 1*2=2，ff(3) 的返回值为 2*3=6，ff(4) 的返回值为 6*4=24，最后返回值 ff(5) 为 24*5=120。

【案例 5-5】 使用嵌套调用计算 $s=2^2!+3^3!$。

思考：对于本案例可编写两个函数，一个是用来计算平方值的函数 f1()，另一个是用来计算阶乘值的函数 f2()。主函数先调用 f1() 计算出平方值，再在 f1() 中以平方值为实参，调用 f2() 计算其阶乘值，然后返回 f1()，再返回主函数，在循环程序中计算累加和。

解法如下：

```
long f1(int p)
```

```
{
int k;
long r;
long f2(int);
k=p* p;
r=f2(k);
return r;
}
long f2(int q)
{
long c=1;
int i;
for(i=1;i<=q;i++)
c=c* i;
return c;
}
main()
{
int i;
long s=0;
for(i=2;i<=3;i++)
s=s+f1(i);
printf("\ns=% ld\n",s);
}
```

示例解释

在程序中，函数 f1( ) 和 f2( ) 均为长整型，都在主函数之前定义，故不必再在主函数中对 f1( ) 和 f2( ) 加以说明。在主程序中，执行循环程序依次把 i 值作为实参调用函数 f1( ) 求 i^2 的值。在 f1( ) 中又发生对函数 f2( ) 的调用，这时是把 i^2 的值作为实参去调用 f2( )，在 f2( ) 中完成求 i^2! 的计算。f2( ) 执行完毕把 c 值（即 i^2!）返回给 f1( )，再由 f1( ) 返回主函数实现累加。至此，由函数的嵌套调用实现了题目的要求。由于数值很大，所以函数和一些变量的类型都说明为长整型，否则会造成计算错误。

背景知识

一、递归

递归是函数实现的一个很重要的环节，很多程序中都或多或少地使用递归函数。递归的意思就是函数自己调用自己本身，或者在自己函数调用的下级函数中调用自己。

递归之所以能实现，是因为函数的每个执行过程都在栈中有自己的形参和局部变量的拷贝，这些拷贝和函数的其他执行过程毫不相干。这种机制是当代大多数程序设计语言实现子程序结构的基础，其使递归成为可能。假定某个调用函数调用了一个被调用函数，再假定被调用函数又反过来调用了调用函数。这第二个调用就被称为调用函数的递归，因为它发生在调用函数的当前执行过程运行完毕之前。而且，因为这个原先的调用函数、现在的被调用函数在栈中较低的位置有它独立的一组参数和自变量，原先的参数和变量将不受影响，所以递归能正常工作。程序遍历执行这些函数的过程就被称为递归下降。

程序员需保证递归函数不会随意改变静态变量和全局变量的值，以避免在递归下降过程中的上层函数出错。程序员还必须确保有一个终止条件来结束递归下降过程，并且返回到顶层。

二、嵌套调用

函数的嵌套调用是指在执行被调用函数时，被调用函数又调用了其他函数。这与其他语言的子程序嵌套调用的情形是类似的，其关系如图 5－1 所示。

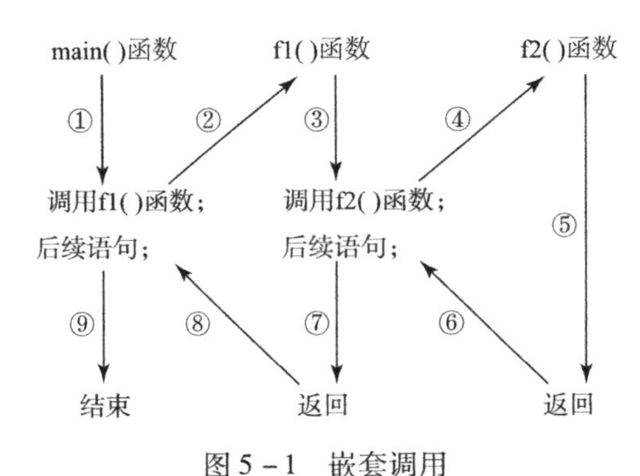

图 5－1　嵌套调用

任务三　变量的作用域与变量的存储类别

任务要点

（1）掌握变量的作用域；

（2）掌握变量的存储类型。

导学实践，跟我学

【案例 5－6】 关于局部变量的示例程序。

```
main()
{
int i =2,j =3,k;
k =i +j;
```

```
{
int k=8;
if(i=3)printf("%d\n",k);
}
printf("%d\n%d\n",i,k);
}
```

示例解释

本程序在 main( ) 中定义了 i，j，k 3 个变量，其中 k 未赋初值。在复合语句内又定义了一个变量 k，并赋初值为 8。应该注意这两个 k 不是同一个变量。在复合语句外由 main( ) 函数定义的 k 起作用，而在复合语句内则由在复合语句内定义的 k 起作用。因此程序第 4 行的 k 为 main( ) 所定义，其值应为 5。第 7 行输出 k 值，该行在复合语句内，由复合语句内定义的 k 起作用，其初值为 8，故输出值为 8，第 9 行输出 i，k 值。i 是在整个程序中有效的，第 7 行对 i 赋值为 3，故输出也为 3。而第 9 行已在复合语句之外，输出的 k 应为 main( ) 所定义的 k，此 k 值由第 4 行已获得为 5，故输出也为 5。

【案例 5－7】 输入正方体的长宽高 l、w、h。求体积及 3 个面 x * y、x * z、y * z 的面积。

解法如下：

```
int s1,s2,s3;
int vs(int a,int b,int c)
{
int v;
v=a* b* c;
s1=a* b;
s2=b* c;
s3=a* c;
return v;
}
main()
{
int v,l,w,h;
printf("\ninput length,width and height \n");
scanf("%d%d%d",&l,&w,&h);
v=vs(l,w,h);
printf("v=%d s1=%d s2=%d s3=%d\n",v,s1,s2,s3);
}
```

示例解释

本程序中定义了 3 个外部变量 s1、s2、s3，用来存放 3 个面积，其作用域为整个程序。函数 vs（）用来求正方体的体积和 3 个面积，函数的返回值为体积 v。由主函数完成长、宽、高的输入及结果输出。由于 C 语言规定函数的返回值只有一个，当需要增加函数的返回数据时，用外部变量是一种很好的方式。本案例中，如不使用外部变量，在主函数中就不可能取得 v、s1、s2、s3 这 4 个值。而采用了外部变量，在函数 vs（）中求得的 s1、s2、s3 值在 main( ) 中仍然有效。因此外部变量是实现函数之间数据通信的有效手段。对于全局变量还有以下几点说明：

（1）对于局部变量的定义和说明，可以不加区分。而对于外部变量则不然，外部变量的定义和外部变量的说明并不是一回事。外部变量的定义必须在所有的函数之外，且只能定义一次。其一般形式为：

```
[extern]类型说明符 变量名,变量名…
```

其中方括号内的“extern”可以省去不写。

例如：

```
int a,b;
```

等效于

```
extern int a,b;
```

外部变量说明出现在要使用该外部变量的各个函数内，在整个程序内，可能出现多次，外部变量说明的一般形式为：

```
extern 类型说明符 变量名,变量名,…;
```

外部变量在定义时就已分配了内存单元，外部变量定义可作初始赋值，外部变量说明不能再赋初始值，只是表明在函数内要使用某外部变量。

（2）外部变量可加强函数模块之间的数据联系，但是又使函数要依赖这些变量，因而使函数的独立性降低。从模块化程序设计的观点来看这是不利的，因此在不必要时尽量不要使用全局变量。

（3）在同一源文件中，允许全局变量和局部变量同名。在局部变量的作用域内，全局变量不起作用。

【案例 5－8】 举例说明。

```
int vs(int l,int w)
{
extern int h;
int v;
v=l* w* h;
return v;
}
main()
```

```
{
extern int w,h;
int l=5;
printf("v=%d",vs(l,w));
}
int l=3,w=4,h=5;
```

本程序中，外部变量在最后定义，因此在前面函数中对要用的外部变量必须进行说明。外部变量 l、w 和 vs( ) 函数的形参 l、w 同名。外部变量都作了初始赋值，mian( ) 函数中也对 l 作了初始化赋值。执行程序时，在 printf( ) 语句中调用 vs( ) 函数，实参 l 的值应为 main( ) 中定义的 l 值，等于 5，外部变量 l 在 main( ) 内不起作用；实参 w 的值为外部变量 w 的值，为 4，进入 vs( ) 后这两个值传送给形参 l，vs( ) 函数中使用的 h 为外部变量，其值为 5，因此 v( ) 的计算结果为 100，返回主函数后输出。各种变量的作用域不同，就其本质来说是因为变量的存储类型不同。所谓存储类型是指变量占用内存空间的方式，也称为存储方式。

【案例 5-9】 关于自动变量的示例程序。

```
main()
{
auto int a,s=100,p=100;
printf("\ninput a number:\n");
scanf("%d",&a);
if(a>0)
{
auto int s,p;
s=a+a;
p=a* a;
printf("s=%d p=%d\n",s,p);
}
printf("s=%d p=%d\n",s,p);
}
```

示例解释

本程序在 main( ) 函数中和复合语句内两次定义了变量 s，p 为自动变量。按照 C 语言的规定，在复合语句内，应由复合语句中定义的 s、p 起作用，故 s 的值应为 a+a，p 的值为 a*a。退出复合语句后的 s、p 应为 main( ) 所定义的 s、p，其值在初始化时给定，均为 100。从输出结果可以分析出两个 s 和两个 p 虽变量名相同，但却是两个不同的变量。

【案例 5-10】 关于外部变量的示例程序。

```
int a,b;/* 外部变量定义* /
```

```
char c;/* 外部变量定义* /
main()
{
…
}
F2. C
extern int a,b;/* 外部变量说明* /
extern char c;/* 外部变量说明* /
func(int x,y)
{
…
}
```

示例解释

在 F1. C 和 F2. C 两个文件中都要使用 a、b、c 3 个变量。在 F1. C 文件中把 a、b、c 都定义为外部变量。在 F2. C 文件中用 extern 把 3 个变量说明为外部变量，表示这些变量已在其他文件中定义，编译系统不再为它们分配内存空间。对构造类型的外部变量，如数组等，可以在说明时作初始化赋值，若不赋初值，则系统自动定义它们的初值为 0。

小提示

外部变量的类型说明符为 extern。

在前面介绍全局变量时已介绍过外部变量。这里再补充说明外部变量的两个特点：

（1）外部变量和全局变量是对同一类变量的两种不同角度的提法。全局变是从它的作用域提出的，外部变量是从它的存储方式提出的，表示了它的生存期。

（2）当一个源程序由若干个源文件组成时，在一个源文件中定义的外部变量在其他源文件中也有效。

【案例 5-11】 关于静态变量的示例程序

```
main()
{
int i;
void f();/* 函数说明* /
for(i =1;i <=5;i++)
f();/* 函数调用* /
}
void f()/* 函数定义* /
```

```
{
auto int j =0;
 ++j;
printf("%d\n",j);
}
```

示例解释

程序中定义了函数 f( )，其中的变量 j 被说明为自动变量并被赋予初始值 0。当 main( ) 中多次调用 f( ) 时，j 均被赋初值 0，故每次输出值均为 1。现在把 j 改为静态局部变量，程序如下：

```
main()
{
int i;
void f();
for(i=1;i <=5;i++)
f();
}
void f()
{
static int j =0;
 ++j;
printf("%d\n",j);
}
void f()
{
static int j =0;
 ++j;
printf("%d/n",j);
}
```

由于 j 为静态变量，能在每次调用后保留其值并在下一次调用时继续使用，所以输出值成为累加的结果。读者可自行分析其执行过程。

【案例 5 -12】 关于寄存器变量的示例程序。

```
main()
{
register i,s =0;
for(i=1;i <=200;i++)
s =s +i;
```

```
printf("s=%d\n",s);
}
```

示例解释

本程序循环 200 次，i 和 s 都被频繁使用，因此可定义它们为寄存器变量。

小提示

只有局部自动变量和形式参数才可以被定义为寄存器变量。因为寄存器变量属于动态存储方式。凡需要采用静态存储方式的量不能被定义为寄存器变量。

在 Turbo C、MS C 等微机上使用的 C 语言中，实际上是把寄存器变量当成自动变量处理的，因此速度并不能提高。而在程序中允许使用寄存器变量只是为了与标准 C 保持一致。

即使能真正使用寄存器变量的机器，由于 CPU 中寄存器的个数是有限的，其使用寄存器变量的个数也是有限的。

背景知识

一、变量的作用域

在讨论函数的形参变量时曾经提到，形参变量只在被调用期间才分配内存单元，调用结束立即释放。这一点表明形参变量只有在函数内才是有效的，离开该函数就不能再使用了。这种变量有效性的范围称作变量的作用域。不仅对于形参变量，C 语言中所有的量都有自己的作用域。变量说明的方式不同，其作用域也不同。C 语言中的变量，按作用域范围可分为两种，即局部变量和全局变量。

二、局部变量

局部变量也称为内部变量。局部变量是在函数内作定义说明的。其作用域仅限于函数内，离开该函数后再使用这种变量是非法的。

例如：

```
int f1(int a)/* 函数 f1()* /
{
int b,c;
…
}/* a,b,c 的作用域* /
int f2(int x)/* 函数 f2()* /
{
int y,z;
```

```
}/* x,y,z 的作用域* /
main()
{
int m,n;
}/*
m,n 的作用域* /
```

在函数 f1() 内定义了3个变量，a为形参，b、c为一般变量。在 f1() 的范围内a、b、c有效，或者说变量a、b、c的作用域限于 f1() 内。同理，x、y、z的作用域限于 f2() 内。m、n的作用域限于 main() 函数内。关于局部变量的作用域还要说明以下几点：

（1）在主函数中定义的变量也只能在主函数中使用，不能在其他函数中使用。同时，在主函数中也不能使用其他函数中定义的变量，因为主函数也是一个函数，它与其他函数是平行关系。这一点是与其他语言不同的，应予以注意。

（2）形参变量是属于被调函数的局部变量，实参变量是属于主调函数的局部变量。

（3）允许在不同的函数中使用相同的变量名，它们代表不同的对象，被分配不同的单元，互不干扰，也不会发生混淆。

（4）在复合语句中也可定义变量，其作用域只在复合语句范围内，例如：

```
main()
{
int s,a;
…
{
int b;
s=a+b;
/* b 的作用域* /
}/* s、a 的作用域* /
```

三、全局变量

全局变量也称为外部变量，它是在函数外部定义的变量。它不属于哪一个函数，它属于一个源程序文件。其作用域是整个源程序。在函数中使用全局变量，一般应作全局变量说明。只有在函数内经过说明的全局变量才能使用。全局变量的说明符为 extern，但在一个函数之前定义的全局变量，在该函数内使用可不再加以说明，例如：

```
int a,b;/* 外部变量* /
void f1()/* 函数 f1()* /
{
…
}
float x,y;/* 外部变量* /
```

```
int fz()/* 函数 fz()* /
{
…
}
main()/* 主函数* /
{
…
}/* 全局变量 x、y 的作用域,全局变量 a、b 作用域* /
```

从上例可以看出 a、b、x、y 都是在函数外部定义的外部变量，都是全局变量。但 x、y 定义在函数 f1( ) 之后，而在 f1( ) 内又无对 x、y 的说明，所以它们在 f1( ) 内无效。a、b 定义在源程序最前面，因此在 f1( )、f2( ) 及 main( ) 内不加说明也可使用。

四、变量的存储方式可分为“静态存储”和“动态存储”两种

静态存储变量通常是在变量定义时就分定存储单元并一直保持不变，直至整个程序结束。动态存储变量是在程序执行过程中，使用时才分配存储单元，使用完毕立即释放。典型的例子是函数的形式参数，在函数定义时并不给形参分配存储单元，只是在函数被调用时才予以分配，调用函数完毕立即释放。如果一个函数被多次调用，则反复地分配、释放形参变量的存储单元。从以上分析可知，静态存储变量是一直存在的，而动态存储变量则时而存在时而消失。人们把这种由于变量存储方式不同而产生的特性称为变量的生存期。生存期表示了变量存在的时间。生存期和作用域是从时间和空间这两个不同的角度来描述变量的特性，这两者既有联系，又有区别。一个变量究竟属于哪一种存储方式，并不能仅从其作用域来判断，还应有明确的存储类型说明。

在 C 语言中，对变量的存储类型说明有以下 4 种：

（1）auto——自动变量；

（2）register——寄存器变量；

（3）extern——外部变量；

（4）static——静态变量。

自动变量和寄存器变量属于动态存储方式，外部变量和静态变量属于静态存储方式。在介绍了变量的存储类型之后，可以知道对一个变量不仅应说明其数据类型，还应说明其存储类型。因此变量说明的完整形式应为：

```
存储类型说明符 数据类型说明符 变量名,变量名…;
```

例如：

```
static int a,b;                    说明 a,b 为静态类型变量
auto char c1,c2;                   说明 c1、c2 为自动字符变量
static int a[5] ={1,2,3,4,5};      说明 a 为静整型数组
extern int x,y;                    说明 x,y 为外部整型变量
```

下面分别介绍以上 4 种存储类型。

1. 自动变量

自动变量的类型说明符为 auto。

这种存储类型是 C 语言程序中使用最广泛的一种类型。C 语言规定，函数内凡未加存储类型说明的变量均视为自动变量，也就是说自动变量可省去说明符 auto。在前面各项目的程序中所定义的变量，凡未加存储类型说明符的都是自动变量。

例如：

```
{int i,j,k;
char c;
…
}
等价于
{auto int i,j,k;
auto char c;
…
}
```

自动变量具有以下特点：

（1）自动变量的作用域仅限于定义该变量的个体内。在函数中定义的自动变量，只在该函数内有效。在复合语句中定义的自动变量只在该复合语句中有效。例如：

```
int kv(int a)
{
auto int x,y;
{auto char c;
}/* c 的作用域* /
…
}/* a、x、y 的作用域* /
```

（2）自动变量属于动态存储方式，只有在使用它，即定义该变量的函数被调用时才给它分配存储单元，开始它的生存期。函数调用结束，释放存储单元，生存期结束。因此函数调用结束之后，自动变量的值不能保留。在复合语句中定义的自动变量，在退出复合语句后也不能再使用，否则将引起错误。

2. 静态变量

静态变量的类型说明符是 static。静态变量属于静态存储方式，但是属于静态存储方式的量不一定就是静态变量，例如外部变量虽属于静态存储方式，但不一定是静态变量，必须由 static 加以定义后才能成为静态外部变量，或称静态全局变量。对于自动变量，前面已经介绍它属于动态存储方式，但是也可以用 static 定义它为静态自动变量，或称静态局部变量，从而成为静态存储方式。

由此看来，一个变量可由 static 进行再说明，并改变其原有的存储方式。

1）静态局部变量

在局部变量的说明前再加上 static 说明符就构成静态局部变量。

例如：

```
static int a,b;
static float array[5] = {1,2,3,4,5};
```

静态局部变量属于静态存储方式，它具有以下特点：

（1）静态局部变量在函数内定义，但不像自动变量那样，当调用时就存在，退出函数时就消失。静态局部变量始终存在，也就是说它的生存期为整个源程序。

（2）静态局部变量的生存期虽然为整个源程序，但是其作用域仍与自动变量相同，即只能在定义该变量的函数内使用。退出该函数后，尽管该变量还继续存在，但不能使用。

（3）允许对构造类静态局部变量赋初值。在介绍数组初始化时对此已作过说明。若未赋初值，则由系统自动赋0值。

（4）对基本类型的静态局部变量若在说明时未赋初值，则系统自动赋予0值。而对自动变量不赋初值，则其值是不定的。根据静态局部变量的特点，可以看出它是一种生存期为整个源程序的量。虽然离开定义它的函数后不能使用，但如再次调用定义它的函数，它又可继续使用，而且保存了前次被调用后留下的值。因此，当多次调用一个函数且要求在调用之间保留某些变量的值时，可考虑采用静态局部变量。虽然用全局变量也可以达到上述目的，但全局变量有时会造成意外的副作用，因此仍以采用局部静态变量为宜。

2）静态全局变量

在全局变量（外部变量）的说明之前再冠以“static”就构成了静态全局变量。全局变量本身就是静态存储方式，静态全局变量当然也是静态存储方式。这两者在存储方式上并无不同。这两者的区别在于非静态全局变量的作用域是整个源程序，当一个源程序由多个源文件组成时，非静态全局变量在各个源文件中都是有效的。而静态全局变量则限制了其作用域，即只在定义该变量的源文件内有效，在同一源程序的其他源文件中不能使用它。由于静态全局变量的作用域局限于一个源文件内，只能为该源文件内的函数公用，因此可以避免在其他源文件中引起错误。从以上分析可以看出，把局部变量改变为静态变量是改变了它的存储方式，即改变了它的生存期。把全局变量改变为静态变量是改变了它的作用域，限制了它的使用范围。因此static这个说明符在不同的地方所起的作用是不同的，应予以注意。

任务四　内部函数和外部函数

任务要点

（1）掌握内部函数定义的一般形式；

（2）掌握外部函数定义的一般形式。

导学实践，跟我学

【案例5-13】 设计一个输入字符串的外部函数和删除已输入字符串中指定的字符的外部函数。

解法：对之前用过的函数名作更改，然后再使用库函数printf（）输出文字。

```
#include "d:\liyh\822a.c"/* 说明包含 d:\liyh 目录下的文件 822a.c* /
#include "d:\liyh\822b.c"/* 说明包含 d:\liyh 目录下的文件 822b.c* /
#include "stdio.h"
void main()
{
    extern void enters(),deletes();
    char ch;
    static char str[40];
    enters(str);
    puts(str);
    printf("input char:");
    scanf("%c",&ch);
    deletes(str,ch);
    puts(str);
}
/* 文件 822a.c 内容如下,输入字符串* /
#include "stdio.h"
extern void enters(char str[40])
{
    gets(str);
}
/* 文件 822b.c 内容如下,删除字符串中指定的字符* /
#include "stdio.h"
extern void deletes(char str[],char ch)
{
    int i,j;
    for(i=j=0;str[i]!='\0';i++)
    if(str[i]!=ch)
    {
    str[j]=str[i];
j++;
}
str[j]='\0';
}
```

程序运行结果为:

```
aabbccddabc
aabbccddabc
```

```
input char:a
bbccddbc
```

背景知识

函数一旦定义就可被其他函数调用。但当一个源程序由多个源文件组成时，在一个源文件中定义的函数能否被其他源文件中的函数调用呢？为此，C语言又把函数分为两类。

一、内部函数

如果在一个源文件中定义的函数只能被本文件中的函数调用，而不能被同一源程序的其他文件中的函数调用，这种函数称为内部函数。定义内部函数的一般形式是：

```
static 类型说明符 函数名(形参表)
```

例如：

```
static int f(int a,int b)
```

内部函数也称为静态函数。但此处static的含义已不是指存储方式，而是指对函数的调用范围只局限于本文件，因此在不同的源文件中定义同名的静态函数不会引起混淆。

二、外部函数

外部函数在整个源程序中都有效，其定义的一般形式为：

```
extern 类型说明符 函数名(形参表)
```

例如：

```
extern int f(int a,int b)
```

如在函数定义中没有说明extern或static，则隐含为extern。在一个源文件的函数中调用其他源文件中定义的外部函数时，应用extern说明被调函数为外部函数。例如：

F1. C（源文件一）

```
main()
{
extern int f1(int i);/* 外部函数说明,表示 f1 函
数在其他源文件中* /
…
}
F2. C(源文件二)
extern int f1(int i);/* 外部函数定义* /
{
…
}
```

任务小结

你掌握了吗？

（1）内部函数；

（2）外部函数。

能力大比拼，看谁做得又好又快

有5个人坐在一起，问第5个人多大。他说他比第4个人大2岁。问第4个人的岁数，他说比第3个人大2岁。问第3个人的岁数，他说他比第2个人大2岁。问第2个人的岁数，他说他比第1个人大2岁。最后问第1个人，他说他10岁。请问第5个人多大？

解法如下：

```
age(n)
int n;
{
      int c;
      if(n==1)c=10;
      else c=age(n-1)+2;
      return(c);
}
main()
{
      printf("%d",age(5));
}
```

项目六

认识指针及指针的应用

项目任务

本项目通过形象化的例子来介绍什么是指针，通过指针引用数组和字符串来介绍指针的应用。指针是一个比较复杂的概念，初学者不易理解，但指针的应用可以使程序简洁、高效，因此读者应深入学习，应多练、多记、多思考以掌握其精髓。本项目所涉及的内容对指针的理解和应用起到基础作用，更为高级的使用技巧请借阅其他参考书。

学习目标

☆ 理解内存地址结构；
☆ 熟悉指针的应用场合；
☆ 掌握什么是指针；
☆ 掌握指针运算；
☆ 掌握通过指针引用数组的方法；
☆ 掌握通过指针引用字符串的方法。

任务一　认识指针

任务要点

(1) 内存地址结构；
(2) 什么是指针；
(3) 指针变量的定义；
(4) 指针变量的应用场合。

导学实践，跟我学

【案例 6 -1】 理解指针是什么。

本案例以一个例子来说明什么是指针。

具体步骤如下：

(1) 打开 WinTC 后，输入以下代码：

```
1…#include"stdio.h"
2…#include"conio.h"  /* 在 winTC 中可省略,为保持良好的移植性,最好加上
VC* /
```

```
3…/* 使用 printf()、scanf()这些函数就要包含“stdio.h”,使用 getchar()、getch()这些函数就要包含“conio.h”* /
4…main()
5…{  int a =1;                /* 定义整型变量* /
6…int* p1;                 /* 定义指针变量 p1,其类型为整型* /
7…p1 = &a;                  /* 把变量 a 的地址赋值给指针变量 p1* /
8…printf("a =%d\n",a);       /* 输出变量 a 的值* /
9…printf("* p1 =%d",* p1);  /* 输出指针变量 p1 指向变量 a 的值,本句功能同上句,也就是* p1 所代表的值,就是变量 a 的值* /
10…getch();              /* 等待输入值,功能是输出屏停止,可观察输出的值* /
11…}
```

（2）编译运行后，输出：

```
a =1
* p =1
```

小提示

（1）主函数 main( ) 也可以书写为：int void main( )。

（2）“stdio. h”“conio. h”是库函数，通过“#include”指令包含到本程序中。所谓库函数，一般是指编译器提供的可在 C 语言源程序中调用的函数。

（3）&a 表示变量 a 的地址；“p1 = &a”是将变量 a 的地址赋值给 p1，从而使 p1 指向 a；* p1 表示 p1 指向变量 a 的值，即 a 的值和 * p1 的值是一样的。具体解释，见本项目的“背景知识”模块。

示例解释

（1）对于本程序，重在理解指针如何指向变量，取得变量 a 的地址（即通过取地址符号“&”，如“&a;”）以及如何引用值（即通过取值符号“ * ”，如“ * p”）。

（2）对于本程序，重点理解“int * p;”语句，int 表示 * p 的内容为整型，* p 表示 p 为指针。本语句的重点是说明 p 为指针，其指向的值为整型。而不是定义 * p 为整型，理解本语句的含义对于理解指针（作为函数参数）是至关重要的。可对照【案例 6 – 7】的第 2 个程序来加深理解。

【案例 6 –2】 掌握指针变量的定义与应用。

本案例通过 scanf( ) 函数和 printf( ) 函数来说明取地址运算符“&”和取值运算符“ * ”的用法。

具体步骤如下：

在 winTC 中输入以下代码：

```
1…#include"stdio.h"
2…#include"conio.h"
3…main()
4…{int*np,*mp,n,m=6;/* 定义两个指针变量*np、*mp;定义两个整型变量 n、m,其 m 被赋值 6* /
5…scanf("%d",&n);        /* 将键盘录入的值赋给变量 n,scanf()是通过取 n 地址来赋值的* /
6…np=&n;            /* 取变量 n 的地址赋值给 np,即指针 np 指向变量 n* /
7…mp=&m;            /* 含义同上* /
8…printf("n=%d,*np=%d,np=%x\n",n,*np,np);
9…/* 分别打印变量 n 的值,指针指向*np 的值,指针 np 的地址值* /
10…printf("m=%d,*mp=%d,mp=%x\n",*mp,m);/* 含义同上* /
11…getch();            /* 等待输入值,功能是输出屏停止,可观察输出的值* /
12…}
```

示例解释

本程序执行后输入数值，比如6，按回车键即可运行，通过结果来理解每行语句。

小提示

（1）程序的第 8 行，“\n”表示换行，光标回到下一行的行首位置。

（2）取地址运算符“&”只用于变量或数组，不用于表达式和常量。

（3）除空指针 NULL 外，指针必须指向内存中实际存在的地址，换句话说，指针在使用前，一定要先为其赋予地址，具体详见“背景知识”模块。

（4）可以这样理解，指针这种类型，和 int、char、double 等是一样的，只是它是用来保存地址值的。

【案例 6-3】 用指针变量作函数参数。

函数的运行一般需要参数，而指针作为地址值也可以作为函数的参数，此时传达的是变量（有时也会有常量）的地址。下面通过两个子案例来以及图示来对比介绍指针作为函数参数的编程技巧。

【例 6-3-1】 对输入的两个整数作大小比较，然后输出最大和最小值。

思路 1：先来直接比较并输出两个变量的值，C 语言程序如下：

```
1…#include"stdio.h"
2…#include"conio.h"
3…main()
4…{   int m,n,q;
5…scanf("%d",&m);
```

```
6…scanf("%d",&n);  /* 注意从键盘输入值时和思路 2 的区别* /
7…if(m>n)
8…{  q=m;
9…printf("MAX=%d",q);
10…}
11…else
12…{q=n;
13…printf("MAX=%d",q);
14…}
15…getch();
16…}
```

思路2：用指针来处理，不交换变量值，而是交换两个指针变量的值。

C 语言程序如下：

```
1…#include "stdio.h"
2…#include "conio.h"
3…main()
4…{  int *mp,*np,*p,m,n;
5…scanf("%d,%d",&m,&n);/* 注意从键盘输入值时和思路 1 的区别* /
6…mp=&m;np=&n;
7…if(m<n)
8…{p=mp;mp=np;np=p;
9…printf("MAX=%d,MIN=%d",*mp,*np);
10…      }
11…      else
12…      {
13…      printf("MAX=%d,MIN=%d",*mp,*np);
14…      }
15…      printf("\n****************** \n");
16…      printf("m=%d,n=%d",m,n);
17…      getch();
18…      }
```

运行结果如图 6－1 所示。

图示说明 m 和 n 的值没有发生改变，只是指向它们的指针发生了改变，即 mp 和 np 分别指向了 n 和 m。

【例 6－3－2】 对输入的两个整数作大小比较，然后输出最大值和最小值。要求用函数处理，用指针作为函数参数。

思路：借助【案例 6－3－1】的知识与技巧，在 jiaohuan（int *p1，*p2）函数中运用指针交换两个形参变量值。在主函数中将实参传递给 jiaohua( ) 函数中的形参，通过指针交

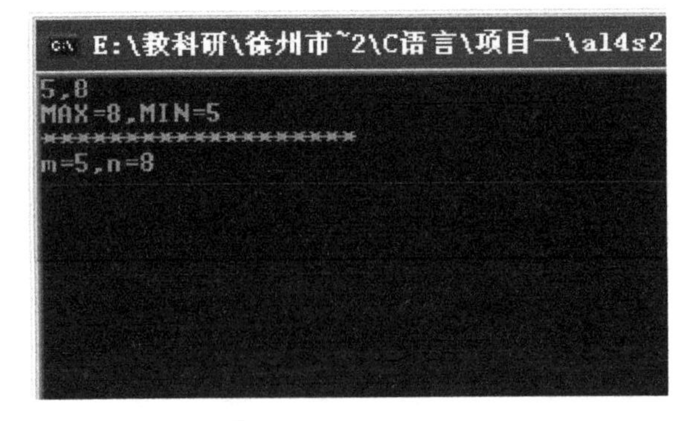

图 6-1 【案例 6-3-1】思路 2 的程序运行结果

换来实现两个数的大小比较。

C 语言程序如下：

```
1…#include"stdio.h"
2…#include"conio.h"
3…void main()
4…{  void jiaohuan(int*p1,int*p2);
5…int* mp,* np,m,n;
6…scanf("%d,%d",&m,&n);
7…mp = &m;np = &n;
8…if(m<n)
9…jiaohuan(mp,np);
10…printf("MAX = %d,MIN = %d",m,n);
11…getch();
12…}
13…void jiaohuan(int*p1,int*p2)
14…{
15…int temp;
16…temp = *p1;
17…*p1 = *p2;
18…*p2 = temp;
19…}
```

背景知识

什么是指针

1. 内存结构

在讲解什么是指针前，有必要把计算机的存储结构讲解明白。一般来说，在计算机中存储系统有内存和外存之分。外存主要用来存储数据，比如硬盘、U 盘等。内存是用来存储运

行的临时数据，可以理解为 CPU 和硬盘的中转站。C 语言程序编译运行后，内存一般都会给中间临时数据，包括定义的数据类型、值等这些变量分配存储空间，并为存储空间以数值的形式分配地址以作标识，同时要注意到内存会给数组和字符串分配连续的空间。

假设有以下语句：

```
inta =2;    //int 型变量,占用 2 字节
floate =2.718;     //float 型变量,占用 4 字节
int a[2] = {1,2}; //int 型数组,2 个值,各占 2 字节,共 4 字节
```

当定义执行之后，系统将在内存中为变量分配存储空间，假设以 8001 为起始地址，则说明如图 6－2 所示。

变量名及占用字节	值	指针地址
n 2 字节	2	8001 8002
e 4 字节	2.718	8003 8004 8005 8006
a[0] 2 字节	1	8007 8008
a[1] 2 字节	2	8009 8010

图 6－2　存储空间的分配

在变量的定义、赋值以及参与计算过程中，人们并不关心内存地址的分配，也不关心地址的值，但书写程序代码时，需要理解变量和地址即指针的关系，这样方便书写高效的 C 语言程序。比如在【案例 6－1】中，得到输出 a = 1， * p = 1，在这过程中，人们并不关心存储变量 a 的地址，也不关心 p 的值（地址），但必须要了解内存连续分配了存储空间，因为在以后学习指针与数组、指针与字符串时，要通过指针（地址）运算来设计 C 语言程序。

下面通过对【案例 6－1】的内存地址的分析来理解变量和地址的关系，从而加深对指针的理解。

```
int a =1;
int* P1;
p1 = &a;
```

上述 3 条语句执行后，内存地址的起始位置假设为 9001，一般情况下内存地址是一个随机的十六进制数（格式为% x），当然也可以是八进制数。说明图示如图 6－3 所示。

说明如下：

“int a = 1;” 表示变量 a 的值为 1，占用内存 2 个字节，起始位置为 9001。“int * p1; p1 = &a;” 中，前者定义指针变量 p1，其指向的值 * p1 为整型，后者是将变量 a 的地址 9001 赋值给 p1，从而 p1 指向值 1，也就是 * p1 的值为 1，变量 a 的值也仍为 1。可以用图 6－4 更加清楚地说明一般变量 a 和指针变量地址 p1 的关系。其只变量 a 的值也可以用 * p1 来表示，即 “printf("a = % d \ n", a); printf(" * p1 = % d", * p1);” 的输出结果均为 1。

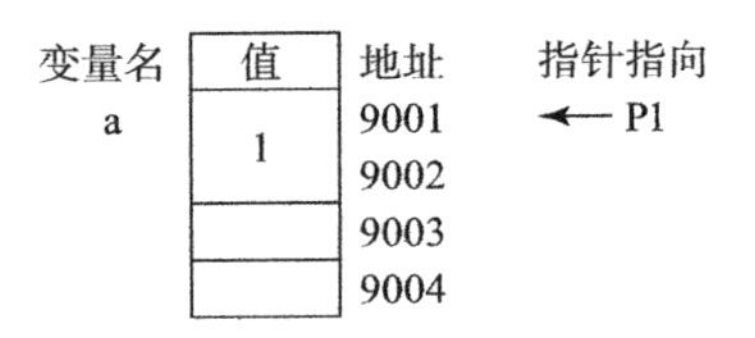

图 6-3　说明图示

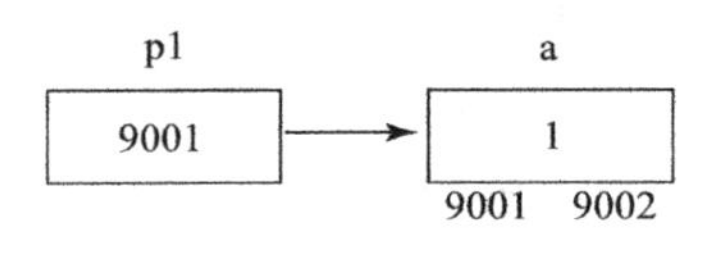

图 6-4　a 与 p1 的关系

在通常情况下，通过变量名来对变量存储单元直接访问的方式称为“直接访问”，“printf（"a=%d\n"，a）;”即直接访问。通过指针来访问变量的内存单元称为“间接访问”，“printf（"*p1=%d"，*p1）;”即间接访问。

2. 指针的定义与引用

可以用生活中的例子来理解：指针就是地址，如同宿舍楼的门牌号。

1）指针的定义

格式：

```
类型*变量名1;     //定义一个指针变量
```

或

```
类型*变量名1,*变量名2,…;//定义多个指针变量
```

例如：

```
int*p;
```

或

```
int*p1,*p2;
```

但如果写成“int *p1，p2;”，含义就发生了变化，这是指定义了指针变量 p1，一般整型变量 p2。p1 是指针，而 p2 不是指针。

指针还可以有以下几种常用的定义：

```
float*fp1;  //定义浮点型指针 fp1
char*cp1;  //定义字符型指针 cp1
char(*cp)[5]  //定义一个字符数组指针 cp,它指向字符数组的首个地址
```

一般来说，还有其他更为复杂的组合，本书不作要求。

2）指针的引用

指针的引用的关键是理解“&”和“*”两个运算符。“&”是取地址运算符，“*”是取值运算符，也可称为间接运算符。通过【案例 6-2】可掌握指针变量的定义与引用。

任务小结

你掌握了吗？

（1）内存一般为程序分配一组连续的空间；

（2）指针是什么；

（3）指针的定义与引用；

（4）指针的运算。

任务二　指针与数组

任务要点

（1）什么是数组；
（2）数值数组；
（3）字符数组；
（4）指针与数值数组；
（5）指针引用数值数组。

导学实践，跟我学

【案例6-4】 通过指针引用数值数组元素（本任务主要是学习数值数组，其实它和指针引用字符数组方式一样，分开讲主要考虑到字符数组与字符串和字符之间的关系也是要掌握的一个重点，本任务是一个很好的引子）。下面用用3种输出方法输出数组元素，对比学习指针如何引用数组。

有数组“int a[6]={1，2，3，4，5，6}，”通过使用下标法和指针法以及数组名来完成数组元素的输出，从而得出数组名也可以认为是一个指针（地址），只不过数组名是一个常量指针地址，不能改变，改变就会发生错误。

具体步骤如下：

（1）下标法：

```
1…#include"stdio.h"
2…#include"conio.h"
3…main()
4…{int a[]={1,2,3,4,5,6};
5…int i;
6…for(i=0;i<6;i++)
7…printf("%d\n",a[i]);
8…getch();
9…}
```

（2）利用数组名来输出：

```
1…#include"stdio.h"
2…#include"conio.h"
3…main()
4…{int a[]={1,2,3,4,5,6};
5…int i;
6…for(i=0;i<6;i++)
```

```
7…printf("%d\n",*(a+i));/* 此处加深对"数组名 a 本身是指针常量,其值不会也不能发生变化"的理解*/
8…getch();
9…}
```

（3）指针法（最为高效）：

```
1…#include"stdio.h"
2…#include"conio.h"
3…main()
4…{int a[]={1,2,3,4,5,6};
5…int*p;
6…p=a;            /* 将数组名 a 赋值给指针 p,p 为指针变量,a 为数组名,是指针常量,值不变化*/
7…for(;p<a+6;p++)  /* 指针 p 作自加运算,直至数组末尾,数组长度为 6*/
8…printf("%d\n",* p);
9…getch();
10…}
```

小提示

在C语言中，指针和数组有着紧密的联系，其原因在于凡是由数组下标完成的操作皆可用指针来实现。

【案例6-5】 指针运算在数值数组中的应用（同样适合字符数组）。

本案例仅通过对每句话的解释来说明指针运算以及它和数组下标之间的关系，通过对比数组下标的方式来介绍指针运算的技巧。应该知道指针运算在数组中的应用，数组可以用下标法来表示，也可以用指针来表示。具体理论知识详见“背景知识”模块。

指针参与运算，一般来说是因为要应用到数组中去。

具体步骤如下：

```
1…#include"stdio.h"
2…#include"conio.h"
3…main()
4…{  int*p,*q,*j,m,n,i=0,x,y;
5…int a[9]={1,5,8,9,6,2,7,3,10};
6…p=&a;     /* 作用等同于"p=&a[0]",将数组 a 的地址赋给 p*/
7…p++;      /* 地址值 +1,指向值 5*/
8…i++;        /* 数组下标 +1,指向值 5*/
9…printf("*p=%d\n",*p);
```

```
10…printf("a[i]=%d\n",a[i]);  /* 此时*p 和 a[i]的值为 5*/
11…printf("******************* \n");
12…m=*(p+2);         /* 此时 m 的值为 9*/
13…x=a[i+2];         /* 此时 x 的值为 9*/
14…n=*p+2;           /* 此时 n 的值为*p 的值加 2,等于 7*/
15…y=a[i]+2;           /* 此时 y 的值为 7*/
16…printf("m=%d\n",m);
17…printf("x=%d\n",x);
18…printf("******************* \n");
19…printf("n=%d\n",n);
20…printf("y=%d\n",y);
21…printf("******************* \n");
22…p=&a[6];        /* 将 a[6]地址赋值给 p*/
23…j=&a[3];        /* 将 a[3]地址赋值给 j*/
24…q=&a[5];        /* 将 a[5]地址赋值给 q*/
25…p=p+(q-j);  /* q-j,即表示 a[5]和 a[3]的地址差,为 2,p+(q-j)表
示 a[6]的地址加 2,即 a[8]的地址* /
26…printf("*p=%d\n",*p);    /* 打印*p 的值,即 a[8]存储的值,为 10*/
27…getch();
28…}
```

示例解释

（1）语句执行的说明见表 6-1。

表 6-1　语句执行的说明

执行语句	解释	指针指向	数组 a	下标指向	解释
p=&a;（int i=0；已经执行）	p=a，即 p=&a[0]	⟶	1	⟵	i=0
p++;　i++;	p++，即 p=p+1，p 为 &a[1]	⟶	5	⟵	i++，即 i=i+1，为 a[1]
—	—		8		—
m=*(p+2)；x=a[i+2];	p+2，即 &a[1]+2，即 &a[3]，此时 p 的值并没有发生改变，p 没有新的赋值改变	⟶	9	⟵	i+2，为 a[3]，同理 i 的值并没有发生改变，i 没有新的赋值改变
n=*p+2；y=a[i]+2;	p 的值没有改变（仍为本表第 2 行的 p），即表示 *p+2，为 5+2		6		i 的值没有改变，即表示 a[1]=2，为 5+2

续表

执行语句	解释	指针指向	数组 a	下标指向	解释
			2		—
p = &a[6]; j = &a[3]; q = &a[5];	分别将 a[6], a[3], a[5] 的地址赋值给 p, j, q, 地址可加减	—>	7	<—	—
			3	—	—
p = p + (q - j);	a[6] 的地址加 2，即 p 指向 a[8] 的地址		10	—	—

（2）指针在程序中要作有意义的加减，同时参加指针运算的指针均向指向同一数组。

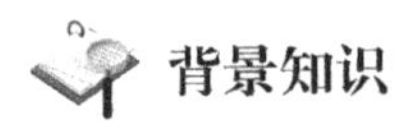

背景知识

1. 指针引用数组

有数组 a[9] = {1, 2, 3, 4, 5, 6, 7, 8, 9}，定义“p = a;”后，即数组 p 指向数组 a 后，就可以使用指针 p 访问数组的各个元素。此时，指针与数组的关系见表 6 – 2。

表 6 – 2　指针与数组的关系

数组名 a	指向	数组值	下标
a	—>	1	a[0]
a + 1	—>	2	a[1]
a + 2	—>	3	a[2]
…	…	…	…
a + i	—>	i + 1	a[i]
…	…	…	…
a + 9	—>	9	a[9]

2. 指针运算

指针变量除了可以对其引用的地址中的值进行运算外，其本身也可进行运算。指针是内存地址，指针运算仅仅是内存中位置的变化，仅可作加、减运算，结果也是内存地址。

一般指针运算和数组的应用是联系在一起的。指针运算和数组下标的计算有相同之处。

如图 6 – 5 所示，指针 p 指向整型数组 a[n]，q 是指向数组 a[i] 的指针，前者可以通过语句“int * p, a[n]; p = &a;”来实现，也就是说指针 p 指向了数组 a[n] 首元素的地址，也就是 a[0] 的地址。一旦将数组 a[n] 的首地址赋予指针 p，数组就可以通过两种方式来访问，一种是通过下标，另一种就是通过指针，此处仅介绍指针的运算关系。

当指针指向数组时，可以进行以下运算：

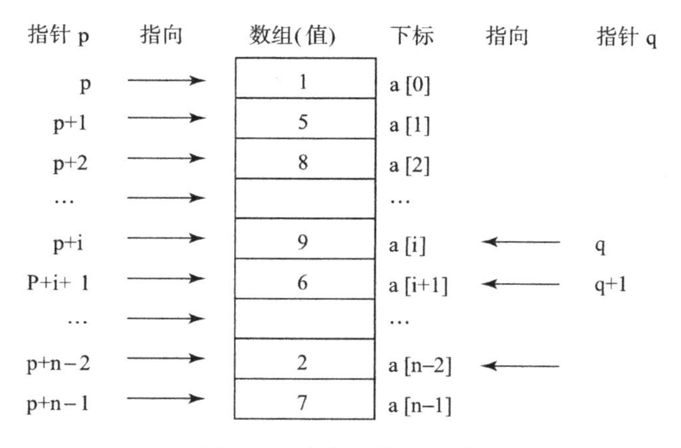

图 6－5　指针与数组示意

（1）指针加上一个整数，结果是指向该数组的另一个元素的地址；

（2）指针减去一个整数，结果是指向该数组的另一个元素的地址；

（3）指针自增（++），结果是指针指向该数组的下一个元素的地址；

（4）指针自减（--），结果是指针指向该数组的上一个元素的地址；

（5）两个指针相减（要求两个指针必须指向同一个数组），结果为两个指针相对移动的元素个数。

此外，指针还可以进行逻辑运算比较，值为 1 表示为真，值为 0 表示假。只有当两个指针指向同一个数组中的元素时，才能进行关系运算。当指针 p 和指针 q 指向同一数组中的元素时：

（1）p<q：当 p 所指的元素在 q 所指的元素之前时，表达式的值为 1；反之为 0。

（2）P>q：当 p 所指的元素在 q 所指的元素之后时，表达式的值为 1；反之为 0。

（3）p==q：当 p 和 q 指向同一元素时，表达式的值为 1；反之为 0。

（4）p!=q：当 p 和 q 不指向同一元素时，表达式的值为 1；反之为 0。

任何指针 p 与 NULL 进行"p==NULL"或"p!=NULL"运算均有意义，"p==NULL"的含义是当指针 p 为空时成立，"p!=NULL"的含义是当指针 p 不为空时成立。

不允许两个指向不同数组的指针进行比较，因为这样的判断没有任何实际的意义。

如上，假设数组为 a［9］，下面通过 C 语言代码片断来理解指针的运算：

```
1…int* p,* q,m,n;
2…int a[9]={1,5,8,9,6,2,7};
3…p=&a;        /* 作用等同于 p=@ a[0]*/
4…p++;          /* p 指向第 2 个数组元素*/
5…printf("*p=%d",* p);  /* 输出值 5*/
6…m=*(p+2);                /* 此时 m 的值为 9,m 的值为 a[3]的值
7…n=*p+2;                   /* 此时 n 的值为*p(a[1])的值加 2,等于 7*/
8…printf("m=%d\n",m);
9…printf("n=%d",n);
10…printf("地址相减=%d",&a[5]-&a[3]);/* 两地址值相减等于 2*/
```

小提示

(1) 指针的运算实际上是一种地址的运算，也是一种类似数组下标的运算，对于数组下标的运算，前面已经学过，此处不再讲解。

(2) 由于指针 p 所指的具体对象不同，所以对指针与整数进行加减运算时，C 语言会根据所指的不同对象计算出不同的放大因子，以保证正确操作实际的运算对象。对于字符型，放大因子为 1；对于整型，放大因子为 2；对于长整型，放大因子为 4；对于双精度浮点型，放大因子为 8。不同数据类型的放大因子等于一个该数据类型的变量所占用的内存单元数。

能力大比拼，看谁做得又好又快

(1) 为了更好地理解指针运算和数组下标的关系，使用数组下标的方式来改写程序，根据程序意图，使 m，n 的值输出不变。

```
1…#include"stdio.h"
2…#include"conio.h"
3…main()
4…{    int*p,*q,m,n;
5…int a[9]={1,5,8,9,6,2,7};
6…p=&a;         /* 作用等同于 p=@a[0]*/
7…p++;
8…m=*(p+2);          /* 此时 m 的值为 9*/
9…n=*p+2;             /* 此时 n 的值为* p 的值加 2,等于 7*/
10…printf("m=%d\n",m);
11…printf("n=%d",n);
12…getch();
13…}
```

(2) 参见【案例 6－5】，独立完成整型数组 a［4］=｛1，2，3，4｝ 值的输入和输出（用 3 种方式）。

任务小结

你掌握了吗？

(1) 数组名可以理解为一个什么样的指针？

(2) 利用下标输出数组元素；

(3) 利用数组名输出数组元素；

(4) 利用指针输出数组元素。

任务三　指针与字符串

任务要点

（1）掌握字符串的含义；
（2）掌握字符与字符串的区别；
（3）掌握字符串与字符数组的区别；
（4）掌握字符串指针；
（5）掌握字符串指针与字符数组区别。

导学实践，跟我学

【案例 6－6】 区别字符指针和字符数组。

定义一个字符数组 a，然后分别使用字符指针和字符数组两种方式输出，字符数组是之前学习过的内容，字符指针是新内容，两种方法的区别详见“背景知识”模块的“通过指针引用字符数组”部分。

具体步骤如下：

在 WinTC 中输入以下 C 语言程序：

```
1…#include"stdio.h"
2…#include"conio.h"
3…main()
4…{  int i;char*ap;  /* ap 为字符指针*/
5…char a[] ="I come from JiangSu";    /* a 为字符数组*/
6…system("graftabl 936");clrscr();    /* 主要作用是显示中文*/
7…printf("******* 使用字符数组下标法******* \n");
8…for(i =0;a[i]!='\0';i ++)  /* 字符数组也是数组,用下标法来遍历输出,
前面已有讲解*/
9…printf("%c",a[i]);  /* 输出格式为%c,而不能是%s,因为输出是按 a[i]
逐个字符输出*/
10…printf("\n****** 使用字符指针来遍历输出******** \n");
11…for(ap =a;* ap!='\0';ap ++)
12…printf("%c",* ap);
13…/* 指针赋初值 a,并判断是否为字符串结尾,若不是,指针作自加运算,并输
出* /
14…getch();
15…}
```

小提示

本案例实际上是运用指针和数组等技巧完成的，之前是数值型数组，本案例是字符型数组，其本质与【案例 6－5】的下标法和指针法相同。

【案例 6－7】 用字符指针作函数参数。

本案例是应用字符指针作为函数参数，将字符数组 a 的内容复制到字符数组 b 中。

具体步骤如下：

在 WinTC 中输入以下 C 语言程序：

（1）为了便于读者理解，此处先学习直接使用字符指针的编程方法。

```
1…#include <stdio.h>
2…main()
3…{  char a[] = "I come fromJiangSu";
4…char b[50] = "abc";
5…char* p1,* p2,p;
6…printf("string a:%s \n",a);
7…printf("string b:%s \n",b);
8…printf("****************** \n");
9…for(p1 = a,p2 = b;* p1!= '\0';p1++,p2++)
10…* p2 = * p1;
11…* p2 = '\0';
12…/* 以上代码实现两个数组的复制,下面的代码实现打印字符数组*/
13…printf("string a:%s \n",a);     /* 从输出格式来看,字符数组是被当作字符串来处理的*/
14…printf("string b:%s",b);     /* 可参见“背景知识”“一、通过指针引用字符串”“1. 字符串的两种引用方法”*/
15…getch();
16…}
```

（2）在 WinTC 中输入以下 C 语言程序，并对比其与上面 C 语言程序的区别：

```
1…#include <stdio.h>
2…main()
3…{  void copystr(char* p1,char* p2);
4…char a[] = "I come fromJiangSu";
5…/* 此处可换成“char* a = "I come from JiangSu";”,运行结果一样,可以理解为字符数组和字符串具有相通性,字符数组是被当作字符串来处理的*/
6…char b[50] = "abc";  /* 定义字符数组 b,长度为 50 个字符,目前存储有 a、b、c*/
```

```
7…char*from,*to;
8…printf("string a:%s\n",a);
9…printf("string b:%s\n",b);
10…printf("****************** \n");/* 两种输出可以清楚地作复制前后的对比*/
11…from=a;      /* 数组 a 的首地址赋值给指针变量 from*/
12…to=b;        /* 数组 b 的首地址赋值给指针变量 to*/
13…copystr(from,to);
14…/* 调用 copystr()函数，将实参 from、to，也就是数组 a 和 b 的首地址传递给形参 p1、p2*/
15…printf("string a:%s\n",a);    /* 从输出格式来看，字符数组是被当作字符串来处理的*/
16…printf("string b:%s",b);
17…/* 可参见"背景知识""一、通过指针引用字符串""1. 字符串的两种引用方法"* /
18…getch();
19…}
20…/* 以上代码实现两个数组的复制，下面的代码实现打印字符数组* /
21…void copystr(char*p1,char*p2)    /* 定义形参，即字符指针(地址)p1、p2，而非值*p1、*p2*/
22…{for(;*p1!='\0';p1++,p2++)    /* 数组地址在主函数中已经赋值，此处仅用";"表示*/
23…{*p2=*p1;}
24…* p2='\0';
25…}
/* 在数组进行遍历输出和复制时，判断结束的条件是字符数组最后是否是空值，用"\0"来标识*/
```

图 6－6 和图 6－7 说明了自定义函数的执行过程。

示例解释

本案例的第 2 个 C 语言程序中，from 和 to 是指向字符数组 a 和 b 的指针变量，在调用函数时，将 from 和 to 这两个指针变量（实参）分别传递给 p1 和 p2（对应的形参），参数传递后如图 6－6 所示，此时 *p1 的值是 I，*p2 的值是字符 a，在判断不是最后一个字符后，执行"*p2 = *p1;"，即将 a[0] 的值赋值给 b[0]，此时 b[0] 为"I"，"p1++，p2++"使地址同步移动后再进行赋值，直至数组 a 的值为"\0"，在程序中，"\0"是值，为字符，引用时为单引号表示，即'\0'。

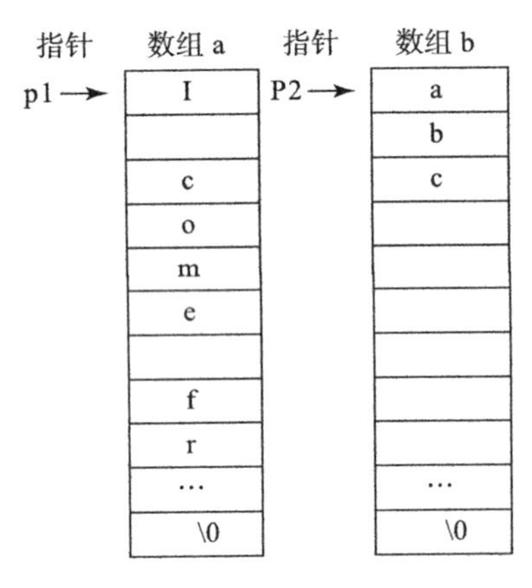

图6-6　执行自定义函数前

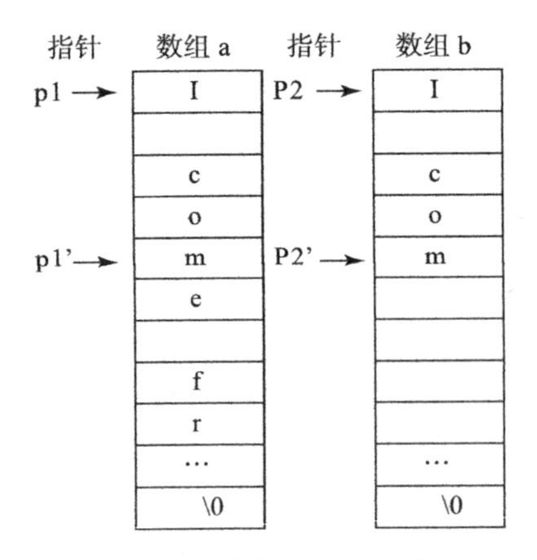

图6-7　执行自定义函数过程中

小提示

（1）指针与数组、指针与字符串，都可以理解为运用指针与引用数组，只不过前者为数值型，后者为字符型。

（2）自定义函数声明要在主函数中，函数体要在主函数之外。

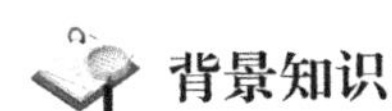

背景知识

一、通过指针引用字符串

1. 字符串的两种引用方法

字符串在内存中的存储与数组类似，是存储在一块连续的内存空间中的，系统会在字符串的结尾加上“\0”表示结束，因此知道了字符串的首地址，就可以使用指针来引用字符串。

通常，在C语言程序中，可以使用两种方法来访问一个字符串：①用字符数组存放一个字符串；②用字符指针引用字符串。前者已经讲过，这里主要讲解第②种方法，即定义一个字符指针，指向字符串中的字符。

例如：

```
1…#include"stdio.h"
2…#include"conio.h"
3…void main()
4…{char*str="I Love C";
5…printf("%s",str);     /* %s表示字符格式*/
```

```
6…getch()
7…}
```

2. 字符与字符串的区别

在C语言中，利用单引号和双引号分别表示字符和字符串，字符串是指一串以NULL字节结尾的零个或多个字符。因为字符串通常存储在字符数组中，所以C语言中不存在字符串类型。

例如：

```
1…#include "stdio.h"
2…#include "conio.h"
3…void main()
4…{char*p,*str="I Love C";     /* 定义字符串 str*/
5…charch[]={'a','b'};          /* 定义字符数组*/
6…p=ch;
7…printf("%s\n",str);     /* %s 表示字符串格式*/
8…for(;p<ch+2;p++)
9…printf("%c",*p);
10…   getch();
11…   }
```

（1）单引号括起来的字符实际上代表一个整数，整数值就是这个字符的ASCII值，如'a'跟97（十进制）的含义是严格一致的，甚至可以互换。

（2）双引号括起来的字符串实际上代表一个指向无名数组起始字符的指针，这个无名数组被双引号之间的字符串和一个字符“\0”初始化，而且这个数组内部的数据是只读的，无法修改。

（3）程序中使用字符串常量会生成一个“指向字符的常量指针”，当一个字符串常量出现在一个表达式中时，表达式使用的值就是这些字符所存储的地址，而不是这些字符本身。因此，可以把字符串常量赋值给一个“指向字符的指针”，该指针指向这些字符所存储的地址。但是，不能把字符串常量赋值给一个字符数组，因为字符串常量的直接值是一个指针，而不是这些字符本身。

体现在输出格式上，二者也有区别，字符的输出使用“printf（"%c"，c）”，而字符串的输出使用“printf（"%s"，str）”。

3. 字符串与字符数组

例如：

```
1…   #include "stdio.h"
2…   #include "conio.h"
3…   void main()
4…   {char*p,*str="I Love C";     /* 定义字符串 str*/
5…   charch[]={'a','b'};/* 定义字符数组,可换为“char ch[]="ab"”,结果
一样*/
```

```
6…  p=ch;
7…  printf("%s\n",str);     /* %s 表示字符串格式*/
8…  for(;p<ch+2;p++)
9…  printf("%c",*p);
10…  getch();
11…  }
```

通常字符数组中所存储的内容也可以称为字符串，但要注意也有不同的情况，举例说明如下：

定义字符串：

```
char* p1="A String.";
```

定义字符数组：

```
char p2[]="Another String.";
```

这两种写法的不同在于：p1 指向的这个字符串是个常量，不可改变，程序在编译期间就为“A String.”这个字符串分配了固定的空间，它被存储在全局静态区中，是个全局常量。而 p2 是个变量，其内容可以被更新和改变，p2 可以理解为一个不可改变其指向位置的指针，即“char * const p2”，它所占用的内存在程序运行时被自动分配和释放，而 p1 所占用的内存要等到整个程序结束时才被释放。所以声明指向常量字符串的指针时最好这样：

```
const char* p="...";
```

为了便于以上说明的理解，请读者输入以下程序：

```
#include <stdio.h>
 int g;/* 存储在全局静态区* /
 int main()
{ const char* str="我是字符串,常量";
/* 和 g 一样,存储在全局静态区,可以把 const 去掉,此处强调是常量*/
   char p2[]="字符数组";  /* 存储在堆栈中,存储位置离 g 和 str 较远*/
   printf("%x %x %x",&g,str,p2);
getch();
 }
```

从程序的运行结果可以看出，str 和 g 的位置距离很近，而和 p2 相隔很远，它们的确是被存储在不同的内存空间中的，而且 p1 所指向的内容是常量。

二、通过指针引用字符数组

字符指针和字符数组的主要区别如下：

（1）字符指针也可以用于指向一个字符数组的首地址，以此来引用该字符数组的元素。

（2）字符指针和字符数组都可以用于字符串的操作，但两者不同。主要区别有：

①字符数组无论是否进行初始化，计算机都会为其分配存储空间，以存储数组元素，它

存储的是字符串本身的内容。字符指针则不同，如果字符指针在定义时没有进行初始化，则不会为其分配字符串的存储空间，而只是分配一个指针变量的存储单元，用于存储指针；如果定义时进行了初始化，则在分配 一块连续内存空间存储字符串外，还分配一个存放指针变量的存储单元，并将字符串存储空间的起始地址赋给字符指针。

②使用指针与数组进行字符串处理时，指针可以通过赋值运算进行改变，而数组名则不能改变。

③字符数组一旦定义，其使用的存储空间就是固定的。字符指针变量只是一个指向内存地址的指针，它在程序中改变后将不再指向原来的内容，这一点务必注意。

④字符数组只能在初始化时进行字符串的整体赋值，在程序运行中则不能；而字符指针变量既可以在初始化时进行字符串的整体赋值，又可以在程序运行中进行赋值，因为这个字符指针只是一个指针，在程序中是可变的，在赋值后将指向所赋的字符串的内存起始地址。

⑤字符数组名是一个常量，在程序中只能引用，不能改变；而字符指针是一个变量，在程序中可以指向任一地址，因此应该注意指针的位置，以防止引用出错。

⑥通过指向字符串的指针变量或字符数组名可以一次性输出整个字符串，但对于其他类型的数组却不能一次性输出。

能力大比拼，看谁做得又好又快

分别运用下标法和指针法，将字符数组 a[ ] = "I come from JiangSu" 的内容复制到数组 b[ ] 中，同时遍历输出 b[ ]。

任务小结

你掌握了吗?

(1) 字符指针与字符数组的区别;

(2) 字符与字符串的区别;

(3) 用字符指针引用字符数组;

(4) 字符指针作为函数参数。

项目七

结构和共用体[1]

项目任务

学生信息记录，包含了不同数据类型的数据，例如学号和姓名为字符型，成绩为整型或实型，显然不能用数组来存储这一组数据。为了解决这个问题，可采用结构体来存储学生信息记录，并结合数组技术实现根据学生成绩信息进行排序的功能。通过本项目的实践，让学生掌握结构体和共用体的使用方法以及它们之间的区别与联系。

项目需求

本项目主要根据用户输入的学生信息，对学生信息进行浏览并根据学生成绩信息进行排序输出。

方案设计

本项目主要通过以下几个步骤来实现学生信息管理的功能：

（1）定义学生信息结构体；

（2）实现学生信息的输入；

（3）实现学生信息的输出；

（4）结构体数组的使用；

（5）根据学生成绩信息进行排序并输出。

任务一　学生信息的输入与输出

任务目标

通过创建学生信息结构体，并通过用户输入给结构体成员变量的赋值，最后实现结构体变量信息的输出。

任务分析

学生信息的输入与输出，通过以下几个步骤来实现：

（1）定义学生信息结构体；

（2）实现学生信息的输入；

[1] 编辑注：本书中项目七、项目八的编排格式与项目一～项目六有所不同，特此说明。

（3）实现学生信息的输出。

任务实施

步骤一：创建学生信息结构体，主要包括学生的学号，姓名，语文、数学和英语成绩。具体信息如下：

```
struct stu{
        char stu_num[10];//学生学号
        char stu_name[10];//学生姓名
        float stu_chinese;//语文成绩
        float stu_math;//数学成绩
        float stu_english;//英语成绩
}stu1;//创建结构体变量 stu1
```

结构体变量在内存中存储的结构如图 7－1 所示。

stu_num 10字节	stu_name 10字节	stu_chinese 4字节	stu_math 4字节	stu_english 4字节

图 7－1　结构体变量的存储结构

步骤二：创建获取学生信息和输出学生信息的函数，主要是将用户输入的信息赋值给结构体的成员，具体如程序 7－1 所示。

```
void getStuInfo()
{
  printf("---------------------输入学生信息----------------- \n");
  printf("请输入学生的学号");
  scanf("%s",stu1.stu_num);
  printf("请输入学生的姓名");
  scanf("%s",stu1.stu_name);
  printf("请输入学生的语文成绩");
  scanf("%f",&stu1.stu_chinese);
  printf("请输入学生的数学成绩");
  scanf("%f",&stu1.stu_math);
  printf("请输入学生的英语成绩");
  scanf("%f",&stu1.stu_english);
  printf("---------------------输出学生信息----------------- \n");
  printf("学号:%s \n",stu1.stu_num);
  printf("姓名:%s \n",stu1.stu_name);
  printf("语文成绩:%f \n",stu1.stu_chinese);
  printf("数学成绩:%f \n",stu1.stu_math);
```

```
  printf("英语成绩:%f\n",stu1.stu_english);
}
```

程序 7－1　获取学生信息和输出学生信息的函数

步骤三：创建主函数，并调用获取学生信息和输出学生信息的函数。

```
main()
{
  getStuInfo();
}
```

相关知识和技能

1. 结构体

结构是一种构造数据类型，由若干成员构成，每个成员具有不同的数据类型。在使用结构体前必须先定义结构，如同在使用函数前必须先声明。

（1）结构体的定义

结构体定义的一般形式为：

```
struct 结构体名称
{
  结构体成员列表;
};
```

结构体成员列表由若干个结构体成员构成，对每个成员都必须作类型说明，形式为：

```
成员类型成员变量名称
```

其中成员变量名称应遵从标识符规定。结构体名称不是变量名。例如：

```
Struct student
{
    char stu_num[20];//学号
    char stu_name[10];//姓名
    float stu_chinese;//语文成绩
    float stu_math;//数学成绩
    float stu_english;//英语成绩
}
```

2. 结构体变量

结构体是一个新的数据类型，因此结构体变量也可以像其他类型的变量一样进行赋值、运算，不同的是结构体变量以成员作为基本变量。对于结构体变量的声明通常有 3 种方法：

（1）先定义结构体，再声明结构体变量，例如：

```
Struct student
{
    char stu_num[20];//学号
```

```
    char stu_name[10];//姓名
    float stu_chinese;//语文成绩
    float stu_math;//数学成绩
    float stu_english;//英语成绩
};
Struct student st1u,stu2;
```

（2）在定义结构体的同时声明结构体变量，例如：

```
Struct student
{
    char stu_num[20];//学号
    char stu_name[10];//姓名
    float stu_chinese;//语文成绩
    float stu_math;//数学成绩
    float stu_english;//英语成绩
}stu1,stu2;
```

（3）直接声明结构体变量，例如；

```
Struct{
    char stu_num[20];//学号
    char stu_name[10];//姓名
    float stu_chinese;//语文成绩
    float stu_math;//数学成绩
    float stu_english;//英语成绩
}stu1,stu2;
```

使用第3种方法声明的结构也称为无名结构，通常使用在函数内部。

3. 结构体变量成员的访问

访问结构体变量成员的一般形式为：

```
结构体变量名．成员名
```

例如：

```
stu1. stu_num
```

stu1 即学生的学号，stu2. stu_ math 即 stu2 学生的数学成绩。如果结构体变量成员是一个结构体，必须逐级找到最低级的成员才可以使用。

4. 结构体变量的赋值与初始化

结构体变量的赋值就是给结构的各成员变量赋值，可以通过输入或赋值语句来完成，例如“stu1. stu_ num = " 0001", stu1. stu_ name = " liping"”。

任务小结

本任务主要通过对结构体成员变量赋值，掌握结构体变量的声明与使用方法。

任务二　多个学生信息的输入与输出

任务目标

实现学生成绩管理系统，包括学生基本信息的输入与输出，求出平均分最高的学生，并按照平均分从高到低进行排序，具体功能如图7－2所示。

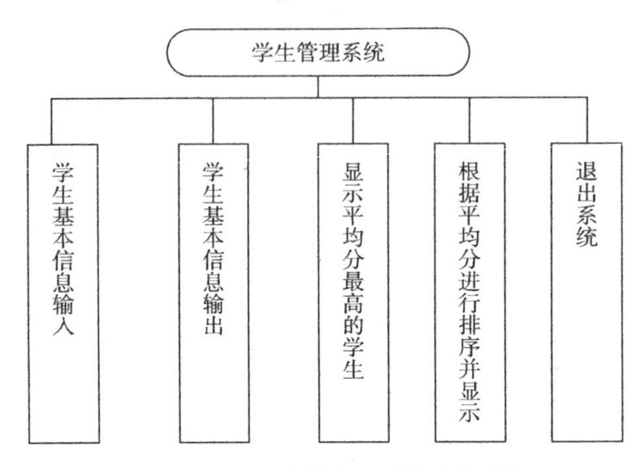

图7－2　学生成绩管理系统功能结构

任务分析

为了实现多个学生信息的输入与输出，找出平均分最高的学生并按照平均分从高到低的顺序进行排序，首先根据系统的功能，创建相应的功能函数，主要包括以下几个函数：

```
void getStudentInfo();//输入学生信息
voiddisplayStudentInfo(struct stu*s);//显示学生信息
voidMaxAvg(struct stu*s);//输出平均分最高的学生
void sort(struct stu*s);//对学生成绩进行排序
```

具体通过以下几个步骤来实现：

（1）定义学生信息结构体数组，定义获取学生信息的函数；

（2）输出学生信息，定义输出学生信息的函数；

（3）根据学生的成绩信息，定义求学生平均分的函数；

（4）找出平均分最高的学生，定义求平均成绩最高的学生信息的函数；

（5）按照平均分从高到低的顺序排序，定义根据学生的平均成绩信息进行排序的函数；

（6）定义主函数，调用相关函数。

任务实施

步骤一：声明结构体数组。

```
#define N 10//声明常量
#include "stdio.h"
 struct stu{
     char stu_num[10];
     char stu_name[10];
     float stu_chinese;
     float stu_math;
     float stu_english;
}stu[N];///定义结构体数组
```

步骤二：实现学生信息输入函数，在任务一中主要获取一个学生的信息，而在本任务中需要获取多个学生的信息，所以需要定义结构体数组变量，通过循环的方式给结构体数组变量的成员变量赋值，具体如程序 7－2 所示。

```
void getStudentInfo()//获取多个学生信息函数
{
 int i;//循环变量
   for(i=0;i<N;i++)
  {
    printf("请输入第%d学生的学号:",i+1);
    scanf("%s",stu[i].stu_num);
    printf("请输入第%d个学生的姓名:",i+1);
    scanf("%s",stu[i].stu_name);
    printf("请输入第%d个学生的语文成绩",i+1);
    scanf("%f",&stu[i].stu_chinese);
    printf("请输入第%d个学生的数学成绩",i+1);
    scanf("%f",&stu[i].stu_math);
        printf("请输入第%d个学生的英语成绩",i+1);
    scanf("%f",&stu[i].stu_english);
  }
   getch();//获取任意键返回
   system("cls");//清屏
}
```

程序 7－2 获取学生信息函数

步骤三：实现输出学生信息函数，主要是通过循环将结构体数组中所有结构体变量的成员变量进行输出，具体如程序 7－3 所示。

```
void displayStudentInfo(struct stu*s)//输出学生信息
{
   int j;//循环变量
```

```
        printf("学号\t 姓名\t 语文\t 数学\t 英语\t 平均分\n");
        for(j =0;j <N;j ++)
        {
    printf("%s\t%s\t%.2f\t%.2f\t%.2f\t%.2f\n",s -> stu_num,s -> stu_name,s -> stu_chinese,s -> stu_math,s -> stu_english,avg(s -> stu_chinese,s -> stu_math,s -> stu_english));
        s ++;

        }
    getch();//获取任意键返回
    system("cls");//清屏
    }
```

程序7-3　学生信息输出函数

步骤四：实现求平均分函数，并输出平均分最高的学生信息。

首先定义一个求3门课成绩平均分的函数，如程序7-4所示。

```
double avg(float c,float m,float e)//求平均分函数,返回 double 类型
{
return(c +m +e)/3;
}
```

程序7-4　计算平均分函数

对于返回当前结构体数组中平均分最高的学生的信息，可以先将第一个学生的平均分计算出来临时保存到存储最高平均分的变量中，然后通过循环结构体数组，同时计算平均分，将循环中计算的平均分与最高平均分变量进行比较，如果最高平均分小于当前平均分，则修改最高平均分变量的数值。具体如程序7-5所示。

```
void MaxAvg(struct stu*s)//输出平均分最高的学生的信息
{
 int index =0;//记录平均分最高的学生的索引
 int i;//循环变量
 double savg,temp;//savg 保存最高平均分,temp 临时保存平均分
 for(i =0;i <N;i ++)//循环计算平均分
 {
        temp =avg(s -> stu_chinese,s -> stu_math,s -> stu_english);

        if(savg <temp)//如果当前平均分小于下一个学生的平均分
        {
              index =i;//保存索引
              savg =temp;
```

```
        }
        s ++;

    }
    *s = stu[index];
    printf(" ------------------ 最高平均分的学生的信息 ----------------------
-------- \n");
    printf("学号 \t 姓名 \t 语文 \t 数学 \t 英语 \t 平均分 \n");
    printf("%s\t%s\t%.2f\t%.2f\t%.2f\t%.2f\n",s -> stu_num,s -> stu_
name,s -> stu_chinese,s -> stu_math,s -> stu_english,savg);
        getch();//获取任意键返回
        system("cls");//清屏
    }
```

程序 7 -5　输出结构体数组中平均分最高的学生的信息函数

步骤五：实现对结构体数组中根据学生 3 门课程的平均成绩进行排序的功能。为了实现成绩排序的功能，采用冒泡排序法，根据平均成绩从高到低的顺序进行排序，具体如程序 7 -6 所示。

```
    void sort(struct stu*s)
    {
     int i,j;//循环变量
     double avg1,avg2;//保存平均分
     struct stu temp;//临时保存结构变量
     struct stu*p;//结构体指针变量
     for(i =0;i <N;i ++)
     {
     avg1= avg(s -> stu_chinese,s -> stu_math,s -> stu_english);//计算第一个
         学生的平均成绩
         p = s +1;
         for(j = i +1;j <N;j ++)
         {
     avg2 = avg (p -> stu_chinese,p -> stu_math,p -> stu_english);//计算第二
             个学生的平均成绩
             if(avg1 < avg2)//交换
             {
                 temp = *s;
                 *s = *p;
                 *p = temp;
             }
             p ++;
```

```
        }
        s++;
    }
   s=stu;//重置指针
   displayStudentInfo(s);//显示信息
   getch();
   system("cls");
  }
```

程序7-6　对结构体数组中的平均分进行排序的函数

步骤六：实现程序主菜单选择函数。通过用户选择对应的菜单编号，实现相应的功能，具体如程序7-7所示。

```
int showmeun()
{
    int in;
    char ch
    printf("\n\n\n\n");
    printf("\t ┌────────────────────────────────────┐\n");
    printf("\t │          学生成绩信息管理系统          │\n");
    printf("\t │────────────────────────────────────│\n");
    printf("\t │ \t      1.输入学生信息                │\n");
    printf("\t │                                    │\n");
    printf("\t │ \t      2.显示所有学生信息            │\n");
    printf("\t │                                    │\n");
    printf("\t │ \t      3.显示平均分最高的学生的信息  │\n");
    printf("\t │                                    │\n");
    printf("\t │ \t      4.按学生平均分排序            │\n");
    printf("\t │                                    │\n");
    printf("\t │ \t      5.退出系统                    │\n");
    printf("\t │                                    │\n");
    printf("\t └────────────────────────────────────┘\n");
    printf("\t请您正确选择:");
    scanf ("%d",&in);
        while((ch=getchar())!='\n')
            putchar(ch);
    fflush(stdin);
  return in;
}
```

程序7-7　显示程序主菜单函数

在当前函数中，当用户选择相应的功能编号后，函数返回用户选择的数字，然后根据用户选择的数字调用相应的功能函数。

步骤七：实现系统主函数。在主函数中，通过调用系统主菜单函数，根据函数的返回值调用对应的功能函数，如果没有选择指定功能编号，系统将返回主菜单让用户重新选择。具体如程序 7-8 所示。

```
void main()
{
    int in;//获取用户选择菜单编号
    do
    {
        system("cls");
        in = showmeun();//系统主菜单显示
        switch(in)
        {
        case 1:getStudentInfo(stu);
            break;
        case 2:displayStudentInfo(stu);
            break;
        case 3:MaxAvg(stu);
            break;
        case 4:sort(stu);
            break;
        case 5:break;

        default:printf("没有此选项,请按任意键返回重新选择!");
            getch();
            system("cls");
            break;
        }
    }while(in!=5);
    system("cls");
    printf("\n\n\n\n\n\n\n\n\t\t\t");
    printf("谢　谢　使　用　本　系　统　!");
}
```

程序 7-8　系统主函数

在系统主函数中，用户通过选择系统功能对应的数字，调用相应的函数。

相关知识和技能

1. 结构体数组

数组的元素也可以是结构类型的，因此可以构成结构体数组。结构体数组的每一个元素都是具有相同结构类型的结构变量。在实际应用中，经常用结构体数组来表示具有相同数据结构的一个群体，如一个班的学生信息等。

结构体数组的定义方法和结构体变量相似，只需说明它为数组类型即可，例如：

```
struct stu{
        char stu_num[10];
        char stu_name[10];
        float stu_chinese;
        float stu_math;
        float stu_english;
    }stu[10];
```

以上代码定义了一个 stu 结构体数组，数组中共有 10 个元素，其中每个元素都具有 struct stu 的结构形式。同样对外部结构体数组或静态结构体数组可以作初始化赋值，例如：

```
struct stu{
        char stu_num[10];
        char stu_name[10];
        float stu_chinese;
        float stu_math;
        float stu_english;
}stu[2]={
{'0001','zhangsan',75,68,84},
{'0002','lisi',66,79,75}
}
```

2. 结构体数组的引用

（1）除了结构体数组的初始化外，对结构体数组赋常数值、输入和输出、各种运算均是对结构体数组元素的成员（相当于普通变量）进行的。结构体数组元素的成员表示为：

```
结构体数组名[下标].成员名
```

在嵌套的情况下为：

```
结构体数组名[下标].结构体成员名.….结构体成员名.成员名
```

（2）结构体数组元素可相互赋值，例如：

```
stu[1]=stu[2];
```

对于结构体数组元素内嵌的结构体类型成员，情况也相同，例如：

```
stu[2].math=stu[1].math
```

（3）不允许对结构体数组元素或结构体数组元素内嵌的结构体类型成员整体赋（常数）值；不允许对结构体数组元素或结构体数组元素内嵌的结构体类型成员整体进行输入/输出。

（4）在处理结构体问题时经常涉及字符或字符串的输入，这时要注意：

①scanf( ) 函数用“%s”输入字符串遇空格即结束，因此输入带空格的字符串可改用 gets( ) 函数。

②在输入字符类型数据时往往得到的是空白符（空格、回车等），甚至运行终止，因此常作相应处理，即在适当的地方增加“getchar ( );”空输入语句，以消除缓冲区中的空白符。

3. 结构指针变量

一个指针变量当用来指向一个结构变量时，称为结构指针变量。结构指针变量中的值是其所指向的结构体变量的首地址。通过结构指针即可访问该结构体变量，这与数组指针和函数指针的情况是相同的。结构指针变量说明的一般形式为：

```
struct 结构名* 结构指针变量名;
```

例如，在前面的代码中使用到声明学生结构体指针变量：

```
struct stu* s;
```

结构指针变量也必须先赋值才能使用。赋值是把结构体变量的首地址赋予该指针变量，不能把结构体名赋予该指针变量。

结构体名和结构体变量是两个不同的概念，不能混淆。结构体名只能表示一个结构形式，编译系统并不为它分配内存空间。只有当某变量被说明为这种类型的结构时，才为该变量分配存储空间。

有了结构指针变量，就能更方便地访问结构体变量的各个成员。其访问的一般形式为：

```
(* 结构指针变量). 成员名
```

或

```
结构体变量. 成员名
结构指针变量 -> 成员名
```

这 3 种表示结构成员的形式是完全等效的。结构指针变量可以指向一个结构体数组，这时结构指针变量的值是整个结构体数组的首地址。结构指针变量也可指向结构体数组的一个元素，这时结构指针变量的值是该结构体数组元素的首地址。可以将一维结构体数组名赋给指向结构体变量的指针变量，该指针变量将指向下标为 0 的元素，它可以在数组元素之间移动。

4. 结构指针变量作为函数的参数

在 ANSI C 标准中允许用结构体变量作函数参数进行整体传送，但是这种传送要将全部成员逐个传送，特别是成员为数组时将会使传送的时间和空间开销很大，严重地降低了程序的效率。因此最好的办法就是使用指针，即用指针变量作函数参数进行传送。这时由实参传向形参的只是地址，从而减少了时间和空间的开销。但是在调用函数时对结构指针所作的任何变动都会影响原来的结构体变量。例如本项目中的学生成绩排序函数 void sort (struct stu * s)，函数执行后，原来的结构体数组的顺序也发生了变化。

任务总结

本任务主要通过获取学生信息，求出平均分最高的学生的信息，并针对平均分从高到低进行排序，让学生掌握结构体数组中信息的输入与输出，同时掌握结构体数组的排序算法。

任务三　共用体的使用

任务目标

本任务通过对学生信息结构体的结构进行修改，添加学生是否走读属性，如果走读则输入学生的家庭住址，否则输入学生的宿舍编号，通过该属性的使用让学生掌握共用体结构的创建与应用。

任务分析

学生信息的输入，通过以下几个步骤来实现：

（1）定义一个共用体，包含整型的宿舍编号和字符型的家庭住址两个成员；

（2）定义学生信息结构体数组，包含学生是否走读信息；

（3）实现学生信息的输入；

（4）实现学生信息的输出。

任务实施

步骤一：定义住宿共用体，如果学生住校则保存宿舍编号，否则保存家庭住址。

```
union board{
int roomNo;//宿舍编号
char add[30];//家庭住址
};
```

步骤二：定义学生信息结构体数组，包含学生是否走读成员变量，如果为“y”则输入学生的宿舍编号，否则输入家庭住址。

```
#define N 3
struct stu{
char stu_num[10];//学号
char stu_name[10];//姓名
char is Board;//是否走读
union board b;  //记录宿舍编号或家庭住址
}s[N];
```

步骤三：实现学生信息的输入功能，对学生是否走读进行判断，如果走读则输入学生的家庭住址，否则输入学生的宿舍编号。具体如程序 7－9 所示。

```
    void getStudentInfo(struct stu* s)
    {
    int i;//声明循环变量
        printf("------------------请输入学生信息----------------------\
n");
    for(i=0;i<N;i++)
    {
        printf("输入第%d个学生的学号:",i+1);
        scanf("%s",s->stu_num);
        printf("输入第%d个学生的姓名:",i+1);
        scanf("%s",s->stu_name);
        printf("第%d个学生是否走读:",i+1);
        getchar();
        scanf("%c",&s->isBoard);
        if(s->isBoard!='y')
        {
            printf("输入第%d个学生的宿舍编号:",i+1);
            scanf("%d",&s->b.roomNo);
        }
        else
        {
            printf("输入第%d个学生的家庭住址:",i+1);
            scanf("%s",s->b.add);
        }
        s++;
    }
    }
```

程序 7－9　输入学生信息函数

步骤四：定义显示学生信息函数，仍然通过判断学生是否走读来输出学生信息。具体如程序 7－10 所示。

```
    void displayStudentInfo(struct stu* s)
    {
    int i;//声明循环变量
    printf("-------------------------输出学生信息------------------------
---\n");
    printf("学号\t姓名\t是否走读\t宿舍或家庭住址\n");
```

```
    for(i =0;i <N;i ++)
    {
        if(s->isBoard = ='y')
            printf("%s\t%s\t%c\t%s\n",s ->stu_num,s ->stu_name,s ->
            isBoard,s ->b.add);
        else

    printf("%s\t%s\t%c\t%d\n",s ->stu_num,s ->stu_name,s ->isBoard,s
->b.roomNo);
        s ++;
    }
    }
```

程序 7－10　学生信息输出函数

步骤五：创建主函数，调用输入和输出函数。

```
    void main()
    {
      getStudentInfo(s);
     displayStudentInfo(s);
    }
```

相关知识和技能

1. 共用体

共用体也是一种数据类型，它是一种特殊形式的变量。共用体说明和共用体变量定义与结构十分相似。其形式为：

```
 union 共用体名{
     数据类型 成员名;
     数据类型 成员名;
     ...
 }共用体变量名;
```

共用体表示几个变量共用一个内存位置，在不同的时间保存不同的数据类型和不同长度的变量。当一个共用体被说明时，编译程序自动产生一个变量，其长度为共用体中最大的变量的长度。共用体访问其成员的方法与结构体相同。同样共用体变量也可以定义成数组或指针，但定义为指针时，也要用“ ->”符号，此时共用体访问成员可表示成：

```
 共用体名 ->成员名
```

共用体变量的说明和结构变量的说明方式相同，也有 3 种形式，即先定义，再说明；在定义的同时说明；直接说明。对共用体变量的赋值、使用都只能针对变量的成员进行。共用体变量的成员表示为：

```
共用体变量名.成员名
```

2. 共用体变量

共用体变量与结构体变量的说明类似：

（1）先定义共用体类型，再用共用体类型定义共用体变量：

```
union 类型名
```

{成员表列}；

```
union 类型名 变量名表;
```

（2）在定义共用体类型名的同时定义共用体变量：

```
union 类型名
{成员表列
}变量名表
```

共用体在在内存中的存储结构如图7－3所示。

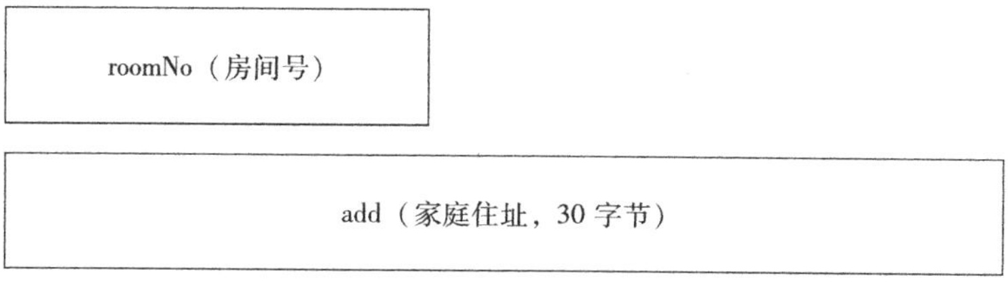

roomNo（房间号）
add（家庭住址，30字节）

图7－3　共用体在内存中的存储结构

（3）共用体变量的特点：

①同一个内存段可以用来存放几种不同类型的成员，但在每一瞬时只能存放其中一种，而不是同时存放几种。

②共用体变量中起作用的成员是最后一次存放的成员，在存入一个新的成员后原有的成员就失去作用。

③共用体变量的地址和它的各成员的地址都是同一地址。

④不能对共用体变量名赋值，不能企图引用变量名来得到一个值，也不能在定义共用体变量时对它进行初始化。

⑤不能把共用体变量作为函数参数，也不能使函数带回共用体变量，但可以使用指向共用体变量的指针。

⑥共用体类型可以出现在结构体类型定义中，也可以定义共用体数组。反之，结构体也可以出现在共用体类型定义中，数组也可以作为共用体的成员。

任务总结

本任务通过对学生信息的输入与输出，让学生掌握共用体的创建与使用。

项目评价

本项目主要介绍了结构体和共用体两种构造数据类型，并将两种数据类型具体应用到项目中，通过具体实践，实现了预期的效果，并总结了以下几个方面：

1. 结构体与共用体的相似之处

（1）类型定义的形式相同。通过定义类型说明结构体或共用体所包含的不同数据类型的成员项，同时确定结构体或共用体类型的名称。

（2）变量说明的方法相同。它们都有3种方法说明变量，第一种方法是先定义类型，再说明变量；第二种方法是在定义类型的同时说明变量；第三种方法是利用结构直接说明变量。数组、指针等可与变量同时说明。

（3）结构体与共用体的引用方式相同。除了同类型的变量之间可赋值外，它们均不能对变量整体赋常数值、输入、输出和运算等，都只能通过引用其成员项进行，嵌套结构只能引用其基本成员，如“变量．成员”或“变量．成员．成员…基本成员”。

结构体或共用体的（基本）成员是基本数据类型的，可作为简单变量使用，是数组的可当作一般数组使用。

（4）无论结构体还是共用体，其应用的步骤是基本相同的，都要经过3个过程：①定义类型；②用定义的类型说明变量，说明后编译系统会为其开辟内存单元存放具体的数据；③引用结构体或共用体的成员。

2. 结构体和共用体的区别

（1）在结构体变量中，各成员均拥有自己的内存空间，它们是同时存在的，一个结构体变量的总长度等于所有成员项长度之和。在共用体变量中，所有成员只能先后占用该共用体变量的内存空间，它们不能同时存在，一个共用体变量的长度等于最长的成员项的长度。这是结构体与共用体的本质区别。

（2）在说明结构体变量或数组时可以对变量或数组元素的所有成员赋初值，由于共用体变量在某一瞬时只能存储一个成员，因此只能对一个成员赋初值。对共用体变量的多个成员赋值则逐次覆盖，只有最后一个成员有值。

项目八

文件操作

项目任务

文件通常是驻留在外部介质（如磁盘等）上的，在使用时才调入内存中来。根据文件编码的方式不同，文件可分为ASCII码文件和二进制码文件两种。本项目通信通信录管理系统实现对文件的读、写、复制等操作。

项目需求

本项目主要实现以下功能：

（1）通信录信息的添加；

（2）将通信录信息保存到文件中；

（3）从文件中读取通信录信息；

（4）实现通信录信息文件的复制操作。

方案设计

本项目主要通过以下几个步骤来实现通信录信息管理的功能：

（1）实现程序主界面；

（2）定义通信录信息结构体

（3）将通信录信息保存到文件；

（4）从文件中读取通信录信息；

（5）实现通信录文件的复制。

任务一　实现程序主界面

任务目标

本任务主要实现程序运行的主界面，将程序的几个主要功能显示在界面上，运行效果如图8-1所示。通过用户的选择，实现相应的功能。

任务分析

程序运行的主界面，通过以下几个步骤来实现：

（1）定义菜单选择函数；

（2）在主程序中调用菜单选择函数，根据用户选择的数字调用相应的函数。

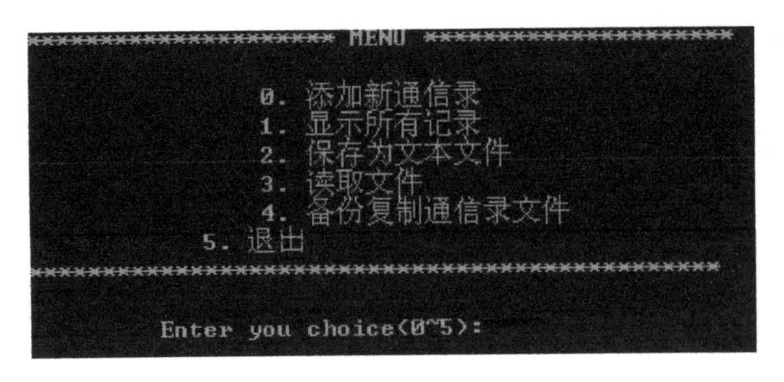

图 8－1　程序运行的主界面

任务实施

步骤一：实现菜单选择函数，返回用户选择的数字。主要采用 do－while 循环来实现，如程序 8－1 所示。

```
menu_select()
{
  int n;
  printf("********************** MENU********************** \n\n");
  printf("            0. 添加新通信录\n");
  printf("            1. 显示所有记录\n");
  printf("            2. 保存为文本文件\n");
  printf("            3. 读取文件\n");
  printf("            4. 备份复制通信录文件\n");
  printf("            5. 退出\n");
  printf("********************************************** \n");
  do{
     printf("\n Enter you choice(0~5):");          /* 提示输入选项*/
     scanf("%d",&n);                                  /* 输入选择项*/
  }while(n<0||n>5);                           /* 选择项不为 0~5 重输*/
  return n;                 /* 返回选择项,主程序根据该数调用相应的函数*/
}
```

程序 8－1　菜单选择函数

步骤二：在主函数中调用该菜单选择函数，根据用户输入的数字，调用相应的函数，如程序 8－2 所示。

```
void main()
{
```

```
    for(;;)                                   /* 无限循环*/
    {
        switch(menu_select())  /* 调用主菜单函数,返回值整数作开关语句的条件*/
        {
     case 0:AddInfo();break;                 /* 输入记录*/
     case 1:Show(c);break;                   /* 显示全部记录*/
     case 2:Save(c);break;                  /* 保存文件*/
     case 3:LoadFile();break;                 /* 读文件*/
     case 4:copy();break;                           /* 复制文件*/
     case 5:exit(0);                               /* 如返回值为 5 则程序结束*/
        }
     }
  }
```

程序 8－2　主程序

任务总结

本任务主要实现程序运行主界面，根据用户输入的功能数字，调用相应的功能函数。本任务锻炼学生对接受用户输入操作和循环操作的使用。

任务二　通信录信息保存

任务目标

本任务通过创建通信录信息结构体，根据用户输入的信息，将通信录保存到指定的文本文件中。

任务分析

通信录信息的保存，通过以下几个步骤来实现：

（1）定义通信录信息结构体；

（2）实现通信录信息的输入；

（3）实现通信录信息的保存；

任务实施

步骤一：定义通信录信息结构体，主要包括姓名、单位和电话。具体定义如下：

```
#include "stdio.h"                    /* I/O 函数*/
#include "stdlib.h"                   /* 标准库函数*/
#include "string.h"                   //字符串函数
#define N 5
 struct contact                       /* 定义数据结构*/
{
    char name[20];     /* 姓名*/
    char units[30];   /* 单位*/
    char tele[10];     /* 电话*/
}c[N];
```

步骤二：实现通信录信息的输入功能。首先接受用户输入通信录的条数，如果条数大于预先定义的条数，则以预先定义的条数为准，然后接受用户输入的信息并赋值到结构体的成员变量中。具体代码如程序 8 -3 所示。

```
void AddInfo()//输入通信录信息
{
    int i,n;
    system("cls");//清屏
    printf("请输入记录的条数\n");
    scanf("%d",&n);
    if(n >N)
         n =N;//如果超出定义的数组长度则以数组长度为准
    printf("请输入记录信息\n");
    printf("姓名\t 单位\t 电话\n");
    for(i =0;i <n;i++)
    {
         scanf("%s%s%s",c[i].name,c[i].units,c[i].tele);
         printf("------------------------------------------------\
         n");
    }
}
```

程序 8 -3　输入通信录信息记录

输入完信息后，可以调用显示函数查看当前用户输入的所有记录信息，通过循环遍历结构体数组，显示所有通信录信息，具体如程序 8 -4 所示。

```
void Show(struct contact*a)
{
    int i;
```

```
        printf("% -20s% -30s% -10s \n","姓名","单位","联系电话");/*
输出第一行标题*/
       for(i =0;i <N;i++)
       {
        printf("% -20s% -30s% -10s \n",c[i].name,c[i].units,c[i].tele);
/* 显示所有记录信息*/
       }
   }
```

程序 8－4　显示用户输入信息函数

步骤三：实现记录的保存功能。当用户选择通信录信息保存功能时，则将结构体数组中的信息按照指定的格式写到指定的文本文件中去。具体如程序 8－5 所示。

```
   void Save(struct contact*a)
   {
       int i;
       FILE*fp;                                      /* 指向文件的指针*/
       if((fp = fopen("record.txt","wb")) == NULL)
                                          /* 打开文件,并判断打开是否正常*/
       {
           printf("can not open file \n");                   /* 没打开*/
           exit(1);                                          /* 退出*/
       }
       printf("\n 保存文件 \n");                          /* 输出提示信息*/
       fprintf(fp,"% -20s% -30s% -10s","姓名","单位","联系电话");
                                                  /* 将记录数写入文件*/
       fprintf(fp,"\r \n");                         /* 将换行符号写入文件*/
       for(i =0;i <N;i++)
       {
           fprintf(fp,"% -20s% -30s% -10s",c[i].name,c[i].units,
           c[i].tele);/* 格式写入记录*/
           fprintf(fp,"\r \n");                     /* 将换行符号写入文件*/
       }
       fclose(fp);                                          /* 关闭文件*/
       printf("**** 保存成功*** \n");                  /* 显示"保存成功"*/
   }
```

程序 8－5　通信录信息保存函数

相关知识和技能

在 C 语言中，实现文件操作主要是调用库函数来实现的，下面介绍文件相关概念和几个常用的操作函数。

1. 文件相关概念

所谓“文件”，是指一组相关数据的有序集合。这个数据集有一个名称，叫作文件名，例如源程序文件、目标文件、可执行文件、库文件（头文件）等。文件通常是驻留在外部介质（如磁盘等）上的，在使用时才调入内存中来。从用户的角度看，文件可分为普通文件和设备文件两种。

普通文件是指驻留在磁盘或其他外部介质上的一个有序数据集，其可以是源文件、目标文件、可执行程序。也可以是一组待输入处理的原始数据，或者一组输出的结果。源文件、目标文件、可执行程序可以称作程序文件，输入/输出数据可称作数据文件。设备文件是指与主机相连的各种外部设备，如显示器、打印机、键盘等。在操作系统中，把外部设备看作文件来进行管理，把它们的输入、输出等同于对磁盘文件的读和写。通常把显示器定义为标准输出文件，一般情况下在屏幕上显示有关信息就是向标准输出文件输出，如前面经常使用的 printf( )、putchar( ) 函数就是这类输出。键盘通常被指定为标准的输入文件，从键盘上输入就意味着从标准输入文件上输入数据。scanf( )、getchar( ) 函数就属于这类输入。

从文件编码的方式来看，文件可分为 ASCII 码文件和二进制码文件两种。

（1）ASCII 码文件：ASCII 文件也称为文本文件，这种文件在磁盘中存放时每个字符对应一个字节，用于存放对应的 ASCII 码。

（2）二进制文件：二进制文件是按二进制的编码方式来存放文件的。二进制文件虽然也可在屏幕上显示，但其内容无法读懂。C 语言系统在处理这些文件时，并不区分类型，都看成是字符流，按字节进行处理。输入/输出字符流的开始和结束只由程序控制而不受物理符号（如回车符）的控制。因此也把这种文件称作“流式文件”。

（3）两种文件比较：一般认为，文本文件编码基于字符定长，译码容易些；二进制文件编码是变长的，所以它灵活，存储利用率要高些，译码难一些（不同的二进制文件格式，有不同的译码方式）。对于空间利用率，二进制文件甚至可以用一个比特来代表一个意思（位操作），而文本文件的任何一个意思至少是一个字符。其次，文本文件的可读性要好些，存储要花费转换时间（读/写要编/译码），而二进制文件的可读性差，存储不存在转换时间（读/写不要编/译码，直接写值）。

2. 文件打开函数 fopen( )

fopen( ) 函数用来打开一个文件，其调用的一般形式为“文件指针名 = fopen(文件名，使用文件方式)”。其中，“文件指针名”必须是被说明为 FILE 类型的指针变量，“文件名”是被打开文件的文件名。“使用文件方式”是指文件的类型和操作要求。“文件名”是字符串常量或字符串数组。例如：

```
FILE*fp;
fp =("c:\\a.txt","r");
```

这段代码主要是打开 c 盘下面的“a. txt”文本文件，只允许进行“读”操作，并使 fp 指向该文件。

文件的打开方式见表 8 - 1。

表8-1　文件的打开方式

文件的打开方式	描述
rt	只读，打开一个文本文件，只允许读数据
wt	只写，打开或建立一个文本文件，只允许写数据
at	追加，打开一个文本文件，并在文件末尾写数据
rb	只读，打开一个二进制文件，只允许读数据
wb	只写，打开或建立一个二进制文件，只允许写数据
ab	追加，打开一个二进制文件，并在文件末尾写数据
rt +	读/写，打开一个文本文件，允许读和写
wt +	读/写，打开或建立一个文本文件，允许读和写
at +	读/写，打开一个文本文件，允许读，或在文件末尾追加数据
rb +	读/写，打开一个二进制文件，允许读和写
wb +	读/写，打开或建立一个二进制文件，允许读和写
ab +	读/写，打开一个二进制文件，允许读，或在文件末尾追加数据

打开方式中对应的字符所代表的含义如下：

（1）r(read)：读；

（2）w(write)：写；

（3）a(append)：追加；

（4）t(text)：文本文件，可省略不写；

（5）b(binary)：二进制文件；

（6）+：读和写。

注意：

（1）凡用“r”打开一个文件时，该文件必须已经存在，且只能从该文件读。

（2）用“w”打开文件时，能向该文件写入。若打开的文件不存在，则以指定的文件名建立该文件，若打开的文件已经存在，则将该文件删去，重建一个新文件。

（3）若要向一个已存在的文件追加新的信息，只能用“a”方式打开文件，但此时该文件必须是存在的，否则将会出错。

（4）在打开一个文件时，如果出错，fopen( ) 函数将返回一个空指针值NULL。在程序中可以用这一信息来判别是否完成打开文件的工作，并作相应的处理。

3. fclose( ) 函数

fclose( ) 函数主要用来关闭文件操作，调用的一般形式是“fclose(文件指针);”，例如“fclose (fp);”。正常完成关闭文件操作时，fclose( ) 函数的返回值为0。如返回非零值则表示有错误发生。

4. 格式化读/写函数 fscanf( ) 和 fprintf( )

fscanf( ) 函数和 fprintf( ) 函数与前面使用的 scanf( ) 和 printf( ) 函数的功能相似，都是格式化读/写函数。两者的区别在于 fscanf( ) 函数和 fprintf( ) 函数的读/写对象不是键盘和显示器，而是磁盘文件。

这两个函数的调用格式为：

```
fscanf(文件指针,格式字符串,输入表列);
fprintf(文件指针,格式字符串,输出表列);
```

例如：

```
fscanf(fp,"%d%s",&i,s);
fprintf(fp,"%-20s%-30s%-10s","姓名","单位","联系电话");
```

5. 字符读/写函数 fgetc() 和 fputc()

字符读/写函数 fgetc() 和 fputc() 是以字符（字节）为单位的读/写函数。每次可从文件读出或向文件写入一个字符。

（1）fgetc() 函数的功能是从指定的文件中读一个字符，函数调用的形式为：

```
字符变量=fgetc(文件指针);
```

例如：

```
ch=fgetc(fp);//从打开的文件 fp 中读取一个字符并送入 ch 中
```

（2）fputc() 函数的功能是把一个字符写入指定的文件中，函数调用的形式为：

```
fputc(字符量,文件指针);
```

其中，待写入的字符量可以是字符常量或变量，例如：

```
fputc('a',fp);//把字符 a 写入 fp 所指向的文件中
```

6. 字符串读/写函数 fgets() 和 fputs()

（1）fgets() 函数的功能是从指定的文件中读一个字符串到字符数组中，函数调用的形式为：

```
fgets(字符数组名,n,文件指针);
```

其中 n 是一个正整数，表示从文件中读出的字符串不超过 n-1 个字符。在读入的最后一个字符后加上串结束标志“\0”，在读出 n-1 个字符之前，如遇到了换行符或 EOF，则读出结束。

例如：“fgets(str, n, fp);”的意义是从 fp 所指的文件中读出 n-1 个字符送入字符数组 str 中。

（2）fputs() 函数的功能是向指定的文件写入一个字符串，其调用形式为：

```
fputs(字符串,文件指针);
```

其中字符串可以是字符串常量，也可以是字符数组名，或指针变量，例如：

```
fputs(“hello”,fp);//把字符串"hello"写入 fp 所指的文件中
```

任务总结

本任务主要使用 fprintf() 函数将用户输入的通信录信息保存到文本文件中，锻炼学生灵活应用结构体数组和掌握 C 语言中文件的写入操作。

任务三　从文件中读取通信录信息

任务目标

本任务主要是读取通信录信息文本文件，将文件中的所有文本信息显示到屏幕上。

任务分析

通信录信息文本文件的读取，通过以下几个步骤来实现：

（1）按只读方式打开文本文件；

（2）将信息从文本文件读到缓冲区，每次读取一行；

（3）在屏幕上显示读取信息。

任务实施

步骤一：以只读方式打开文本文件。

```
FILE*fp;
if((fp=fopen("record.txt","r"))==NULL)//判断文件是否存在,如果不存
在则退出
 {
 printf("Fail to Load File");
 exit(1);
 }
```

步骤二：声明一个缓冲区字符数组，用来保存从文件中读取出来的每一行数据，然后在屏幕上显示该字符数组。

```
char buf[1024];  /* 缓冲区*/
fgets(buf,1024,fp);/* 将文本文件中(1024-1)个字符数据读取到缓冲区*/
len=strlen(buf);/* 缓冲区字符长度*/
```

步骤三：循环读取文本文件数据，并同时显示到屏幕上，具体如程序 8-6 所示。

```
void LoadFile()
{
 char buf[1024];  /* 缓冲区字符数组*/
 FILE* fp;          /* 文件指针*/
 int len;           /* 行字符个数*/
 if((fp=fopen("record.txt","r"))==NULL)
 {
 printf("Fail to Load File");
 exit(1);
```

```
    }
    while(fgets(buf,1024,fp)!=NULL)
    {
    len=strlen(buf);/* 缓冲区字符长度*/
    buf[len-1]='\0';  /* 去掉换行符*/
    printf("%s\n",buf);
    }
    fclose(fp);
}
```

程序 8-6　从文本文件中读取数据并显示

任务总结

本任务主要使用 fgets( ) 函数从文本文件中读取数据并显示在屏幕上，在任务实施过程中需要注意以下几点：①在读取文件之前先判断文件是否存在；②fgets( ) 函数也有返回值，其返回值是字符数组的首地址；③文件操作完成后要关闭文件；④使用其他文件操作函数是否可以实现同样的功能。

任务四　文件复制

任务目标

本任务主要是实现通信录信息文本文件复制功能。

任务分析

通信录信息文本文件复制功能，通过以下几个步骤来实现：

(1) 以只读方式打开源通信录信息文本文件；

(2) 判断目标文件是否存在，如果不存在则创建目标文件；

(3) 实现源文本文件和目标文本文件中内容的复制。

任务实施

在进行任务实施过程中，要明确文件复制流程，如图 8-2 所示。

首先判断源文件是否存在，如果存在，以只读方式打开，如果不存在则返回；然后判断目标文件是否存在，如果不存在则创建目标文件，最后通过循环读取源文件，并不断向目标文件中写入数据。具体步骤如下：

步骤一：以只读方式打开源文件。

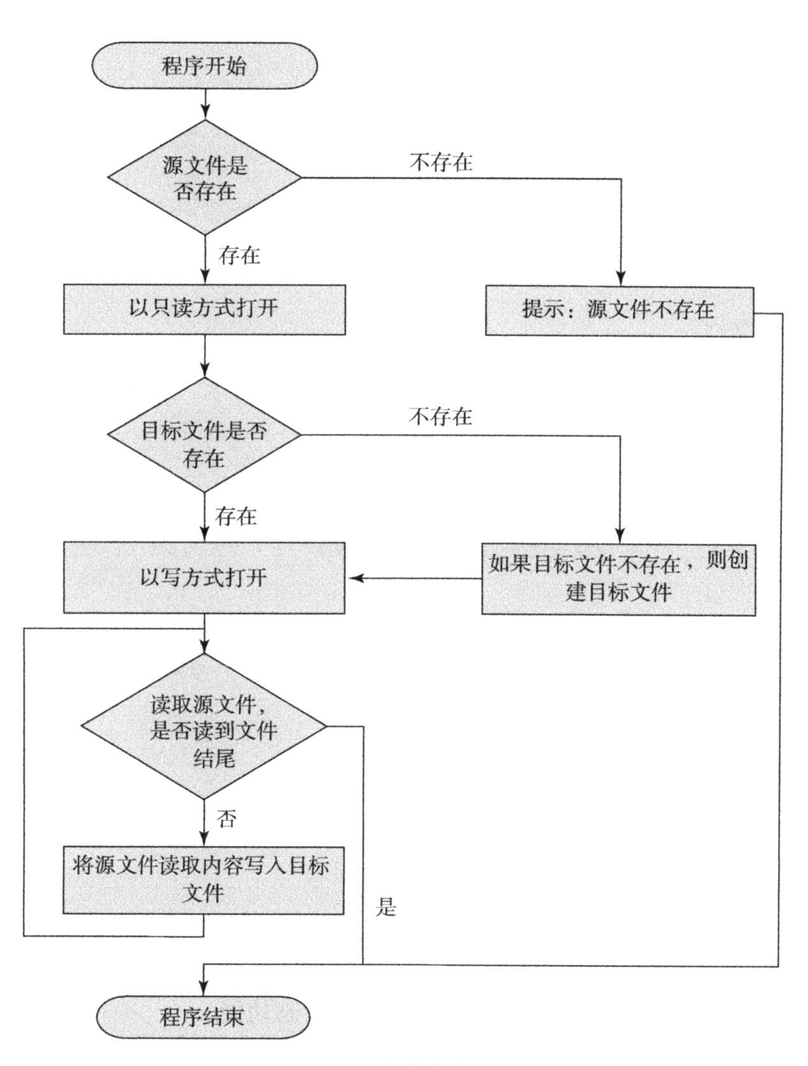

图 8－2 文件复制流程

```
FILE*fpSrc,*fpDest;  //定义两个指向文件的指针
fpSrc = fopen("record.txt","rb");     //以读取二进制的方式打开源文件
if(fpSrc == NULL){
    printf("Source file open failure.");  //源文件不存在的时候提示错误
}
```

步骤二：判断目标文件是否存在，如果不存在则创建一个

```
fpDest = fopen("recordbak.txt","wb");  //以写入二进制的方式打开目标
文件
```

步骤三：实现文件复制，具体如程序 8－7 所示。

```
void copy()
{

    int c;
     FILE*fpSrc,*fpDest;  //定义两个指向文件的指针
     fpSrc=fopen("record.txt","rb");     //以读取二进制的方式打开源
文件
     if(fpSrc==NULL){
         printf("Source file open failure.");  //源文件不存在的时候提
         示错误

    }
    fpDest=fopen("recordbak.txt","wb");  //以写入二进制的方式打开目
标文件

    while((c=fgetc(fpSrc))!=EOF){  //从源文件中读取数据直到末尾
        fputc(c,fpDest);
    }
    fclose(fpSrc);  //关闭文件指针,释放内存
    fclose(fpDest);
    printf("成功复制文件\n");

}
```

程序 8-7　实现文件复制功能

任务小结

本任务是对C语言中文件操作的综合应用，在实现文件复制的过程中，同时应用了文件的读取和写入。在实施过程中锻炼学生对C语言中文件操作的应用，加深学生对文件操作的理解。

项目评价

本项目主要介绍了C语言中文件操作的相关知识，并综合C语言基础知识、函数和结构体数组相关知识，完成了一个通信录小程序。在项目实施过程中让学生掌握以下几点：

（1）文件的有关概念及文件使用方法；

（2）定义文件指针变量的方法；

（3）打开、关闭文件的方法——正确使用相应的函数；

（4）对打开的文件，进行不同方式的读/写——正确使用字符读/写、字符串读/写、字读/写、数据项读/写及格式读/写的相应函数。